居家必备毛线棉鞋拖鞋200款

张　翠　主编

辽宁科学技术出版社
·沈阳·

主　　编：张　翠

图解制作：张燕华

编组成员：郁新儿　皮夜梦　李思菱　孙惜玉　乐慧巧　乐云霞　魏若云　余霞英　葛嘉云　喻慧颖　水雅懿　时英媛　平芳菲　李秀媛
韦依云　马璇珠　康静姝　卫云梦　苏霞绮　安清漪　冯慧丽　卫雅可　尤慧巧　卞秀艳　施里洪　萧贤松　凤旭笙　郎庭沛
俞心怡　余澄邈　许德海　孔宣展　顾绍辉　康德茂　俞伟誉　魏弘文　鲁杰伟　元德厚　唐朗诣　章心怡　倪德海　郎淳雅
柳越泽　章开霁　余嘉懿　吴雅畅　冯越彬　郑浩天　邬德海　沈英杰　平怡畅　乐俊哲　冯怡畅　奚怡悦　元伟誉　施睿渊

图书在版编目（CIP）数据

居家必备毛线棉鞋拖鞋200款/张翠主编.—沈阳：
辽宁科学技术出版社，2019.6

ISBN 978-7-5591-0918-7

Ⅰ.①居… Ⅱ.①张 … Ⅲ.①鞋— 钩针— 编织 —
图解 Ⅳ.①TS935.521-64

中国版本图书馆CIP数据核字（2019）第196920号

出版发行：辽宁科学技术出版社
（地址：沈阳市和平区十一纬路25号 邮编：110003）
印 刷 者：中华商务联合印刷（广东）有限公司
经 销 者：各地新华书店
幅面尺寸：210mm×285mm
印　　张：5
字　　数：200千字
印　　数：1~8000
出版时间：2019年6月第1版
印刷时间：2019年6月第1次印刷
责任编辑：朴海玉
封面设计：张　翠
版式设计：张　翠
责任校对：栗　勇

书　　号：ISBN 978-7-5591-0918-7
定　　价：29.80元

联系电话：024-23284367
邮购热线：024-23284502
E-mail：473074036@qq.com
http://www.lnkj.com.cn

CONTENTS 目录

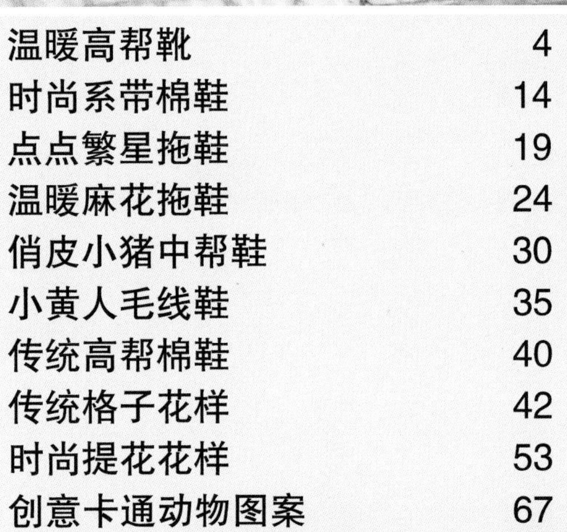

温暖高帮靴

材料：腈纶棉

- 藏蓝色线 120g
- 玫红色线 20g
- 灰色线 50g

工具：12号棒针

鞋子尺码	第一步	中间过程	颜色排列行数	单面总针数	鞋背丢针	鞋口行数排列
26、27码	起头16针织	11个来回（4+3+4）	4+3+4+3+4+3+1+1	28针	3+3+…+4	1+3+4+3+10
28、29码	起头17针织	13个来回（5+3+5）	5+3+5+3+5+3+1+1	30针	4+3+…+5	1+3+5+3+10
30、31码	起头18针织	13个来回（5+3+5）	5+3+5+3+5+3+1+1	31针	5+3+…+5	1+3+5+3+10
32、33码	起头19针织	15个来回（6+3+6）	6+3+6+3+6+3+1+1	33针	5+3+…+4	2+3+6+3+10
34、35码	起头20针织	15个来回（6+3+6）	6+3+6+3+6+3+1+1	34针	5+3+…+5	2+3+6+3+10
36码	起头22针织	17个来回（7+3+7）	7+3+7+3+7+3+1+1	37针	5+3+…+5	2+3+7+3+10
37、38码	起头23针织	17个来回（7+3+7）	7+3+7+3+7+3+1+1	38针	5+3+…+6	2+3+7+3+10
39、40码	起头24针织	19个来回（8+3+8）	8+3+8+3+8+3+1+1	40针	5+3+…+5	3+3+8+3+10
41、42码	起头25针织	19个来回（8+3+8）	8+3+8+3+8+3+1+1	41针	5+3+…+6	3+3+8+3+10
43、44码	起头26针织	19个来回（8+3+8）	8+3+8+3+8+3+1+1	42针	5+3+…+4	3+3+8+3+10
45、46码	起头27针织	21个来回（9+3+9）	9+3+9+3+9+3+1+1	44针	5+3+…+6	3+3+9+3+10
47、48码	起头28针织	21个来回（9+3+9）	9+3+9+3+9+3+1+1	45针	6+3+…+6	3+3+9+3+10

【后跟起织】（共17个来回）

以37码鞋为例

要点：后跟部位不加减针，织17个来回（7个来回藏蓝色+3个来回玫红色工字花+7个来回藏蓝色）。用藏蓝色线起织23针。（见图1）

第1个来回：

正面：全部织下针，最后一针织成上针。（见图2）

反面：第1针挑过不织，全部织下针，最后一针织成上针。换行再织6个来回，全部织下针，每行的最后一针织成上针。不要断线。（见图3、图4）

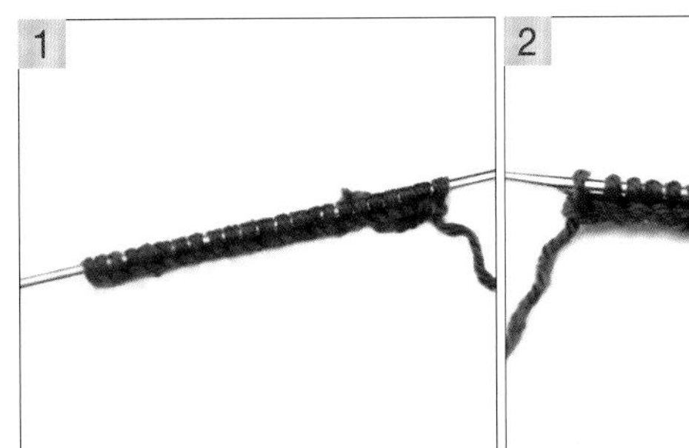

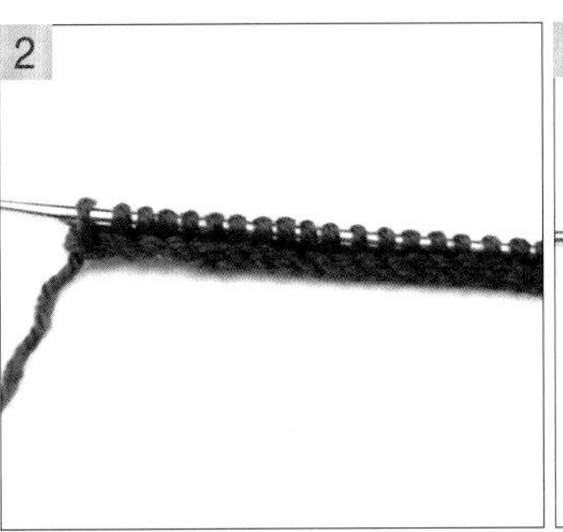

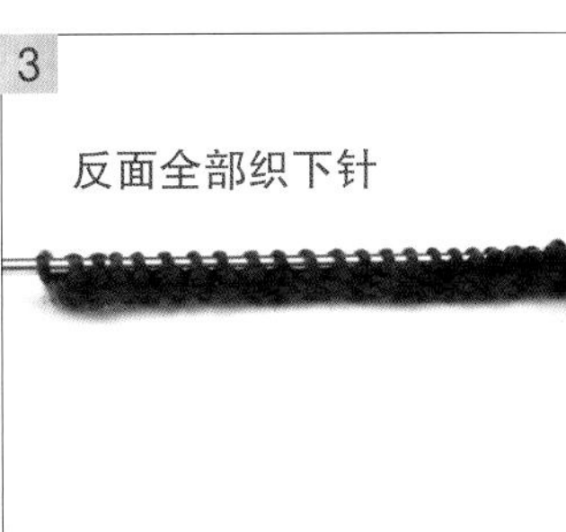

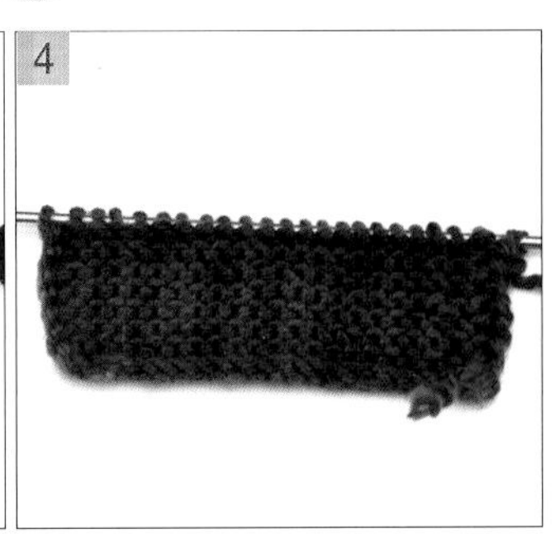

【开始织工字花】（共3个来回）

以37码鞋为例

第1个来回（换成玫红色线）：（见图5）

正面：第1针挑下不织，换成玫红色线，织2针下针，滑1针不织，(织3针下针，滑1针不织)，括号内动作重复多次。最后剩下的3针织2针下针、1针上针。（见图6~图8）

反面：第1针需要编织，遇到玫红色线圈织下针，遇到藏蓝色线圈织滑针(挑织滑针时线圈绕在织物前，滑1针，然后将线圈绕在织物后面)。（见图9、图10）

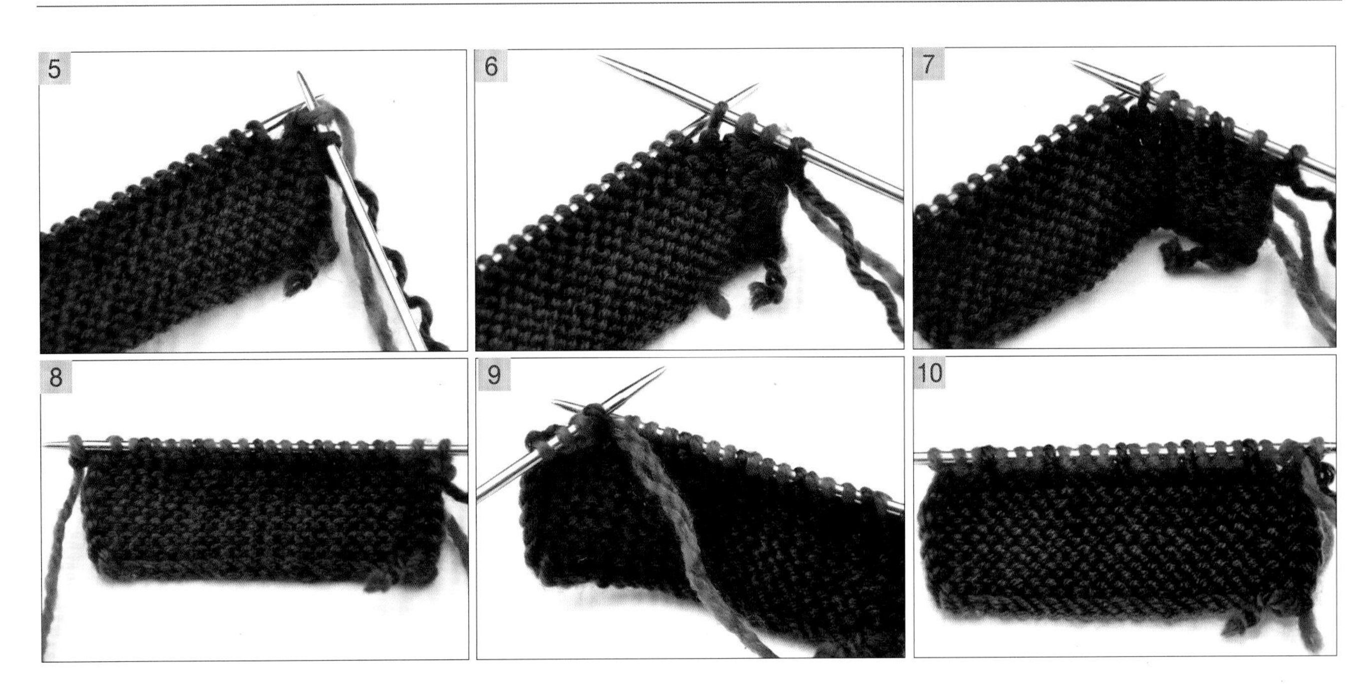

第2个来回：（换成藏蓝色线）

要点：第1针要织（前面挑过针，这样织更匀整）。

正面：玫红色的3针中间的一针织滑针，其他的都织下针，最后一针织上针。（见图11、图12）

反面：第1针需要编织，遇到藏蓝色线圈织下针，遇到玫红色线圈织滑针(挑织滑针时线圈绕在织物前，滑1针，然后将线圈绕在织物后面)。（见图13）

以37码鞋为例

第3个来回：（换成玫红色线）

要点：第1针要织（前面挑过针，这样织更匀整）。

正面：藏蓝色的3针中间的一针织滑针，其他的都织下针，最后一针织上针。（见图14）

反面：第1针需要编织，遇到玫红色线圈织下针，遇到藏蓝色线圈织滑针(挑织滑针时线圈绕在织物前，滑1针，然后将线圈绕在织物后面)。（见图15）

工字花完成，将玫红色线断线。

用藏蓝色线不加针不减针再织7个来回。（见图16）

完成了后跟部位的编织，开始侧面加针。

【鞋侧面编织】（共15个来回）

以37码鞋为例

要点：每个来回加1针。3个来回灰色工字花+7个来回藏蓝色+3个来回玫红色+1个来回藏蓝色+1个来回灰色=15个来回，织完共23+15=38针。

换成灰色线进行第2个工字花的编织 (换线和加针同时进行)。

工字花的织法和上面的工字花织法一致。不同之处在于每个来回在最右边加1针，正面加针。

第1个来回：（灰色线）

正面：织1针下针，通过挂线方式加1针，织1针下针（共3针），滑1针不织，（织3针下针，滑1针不织），括号内动作重复多次。最后的一针织上针。（见图17~图20）

反面：第1针挑下不织，遇到灰色线圈织下针，遇到藏蓝色线圈织滑针 (挑织滑针时线圈绕前，滑1针，然后线圈绕后)。（见图21、图22）

以37码鞋为例

第2个来回：（换成藏蓝色线）

正面：织1针下针，挂线加1针，灰色的3针中间的一针织滑针，其他的都织下针，最后一针织上针。（见图23~图25）

反面：第1针挑下不织，遇到藏蓝色线圈织下针，遇到灰色线圈织滑针(挑织滑针时线圈绕前，滑1针，然后线圈绕后)。（见图26、图27）

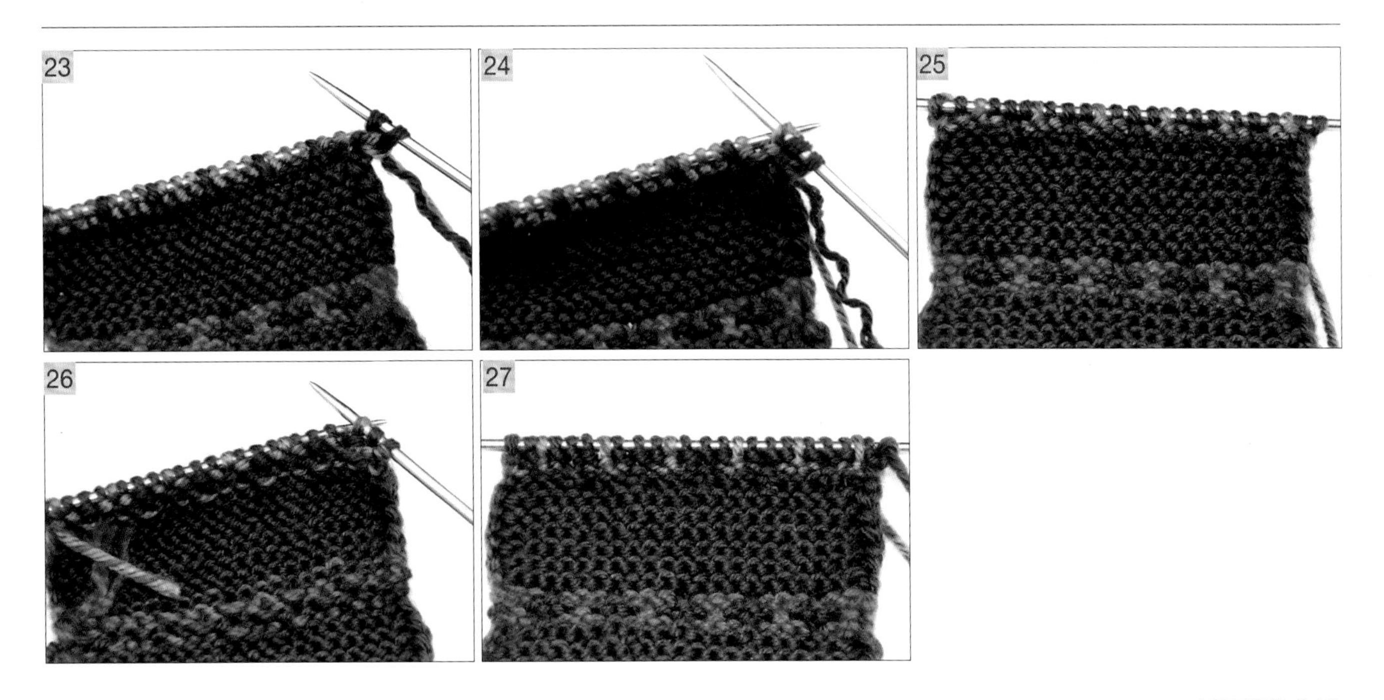

以37码鞋为例

第3个来回：（换成灰色线）

正面：织1针下针，挂线加1针，藏蓝色的3针中间的一针织滑针，其他的都织下针，最后一针织上针。（见图28）

反面: 第1针挑下不织，遇到灰色线圈织下针，遇到藏蓝色线圈织滑针 (挑织滑针时线圈绕前，滑1针，然后线圈绕后)。（见图29）

工字花完成，将灰色线断线。

然后再织7个来回，用藏蓝色线全部织下针。在每个来回的正面最右边加1针。（见图30）

换成玫红色线进行第3个工字花的编织（在每个来回的正面最右边加1针，和第2个工字花的织法相同）。完成后将玫红色线断线。（见图31）

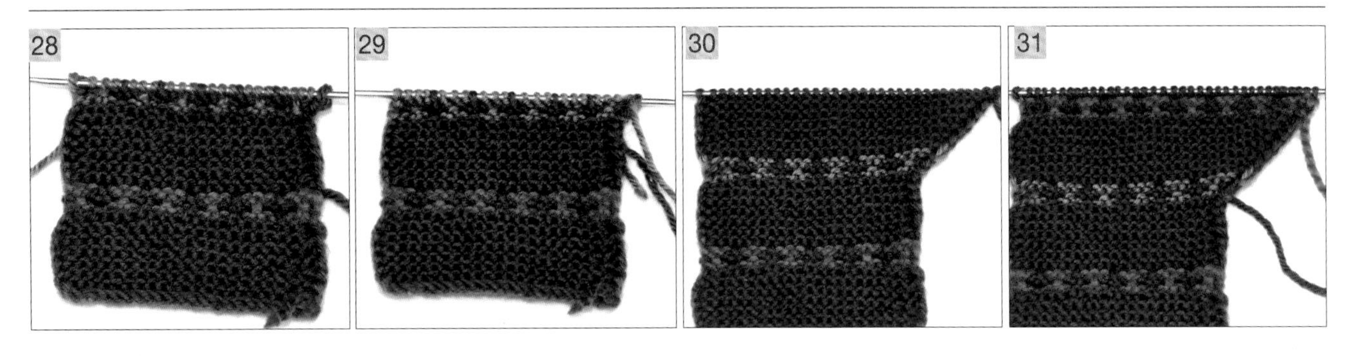

用藏蓝色线再织1个来回（织正面时在最右边加1针）。完成后将藏蓝色线断线。（见图32）

换成灰色线织1个来回（织正面时在最右边加1针）。（见图33）完成了整个侧面的编织。

总结：一共23+3（灰色工字花）+7+3（玫红色工字花）+1+1= 38针。一共织了15个来回，加了15针。

【织斜背】（共10个来回）

以37码鞋为例

第1个来回：（灰色线）

第1针挑过不织，一直往后织下针，留下5针不织（丢了5针），织完右针上共33针。（见图34）然后掉头往回织。第1针挑过不织，然后全织下针。（见图35、图36）

第2个来回：（灰色线）

第1针挑过不织，一直往后织下针，留下8针不织（又丢了3针），织完右针上共30针。（见图37、图38）然后掉头往回织。第1针挑过不织，然后全织下针。

第3个来回：（灰色线）

第1针挑过不织，一直往后织下针。留下11针不织（又丢了3针）。织完右针上共27针。然后掉头往回织。第1针挑过不织，然后全织下针。

接下来3针、3针地丢，一直到右针上剩下6针，掉头往回织。第1针挑过不织，全织下针。一共织了10个来回。（见图39~图41）

第4个来回：织完右针上共24针。

第5个来回：织完右针上共21针。

第6个来回：织完右针上共18针。

第7个来回：织完右针上共15针。

第8个来回：织完右针上共12针。

第9个来回：织完右针上共9针。

第10个来回：织完右针上共6针。

完成整个鞋面一半的编织。织完一共60针。

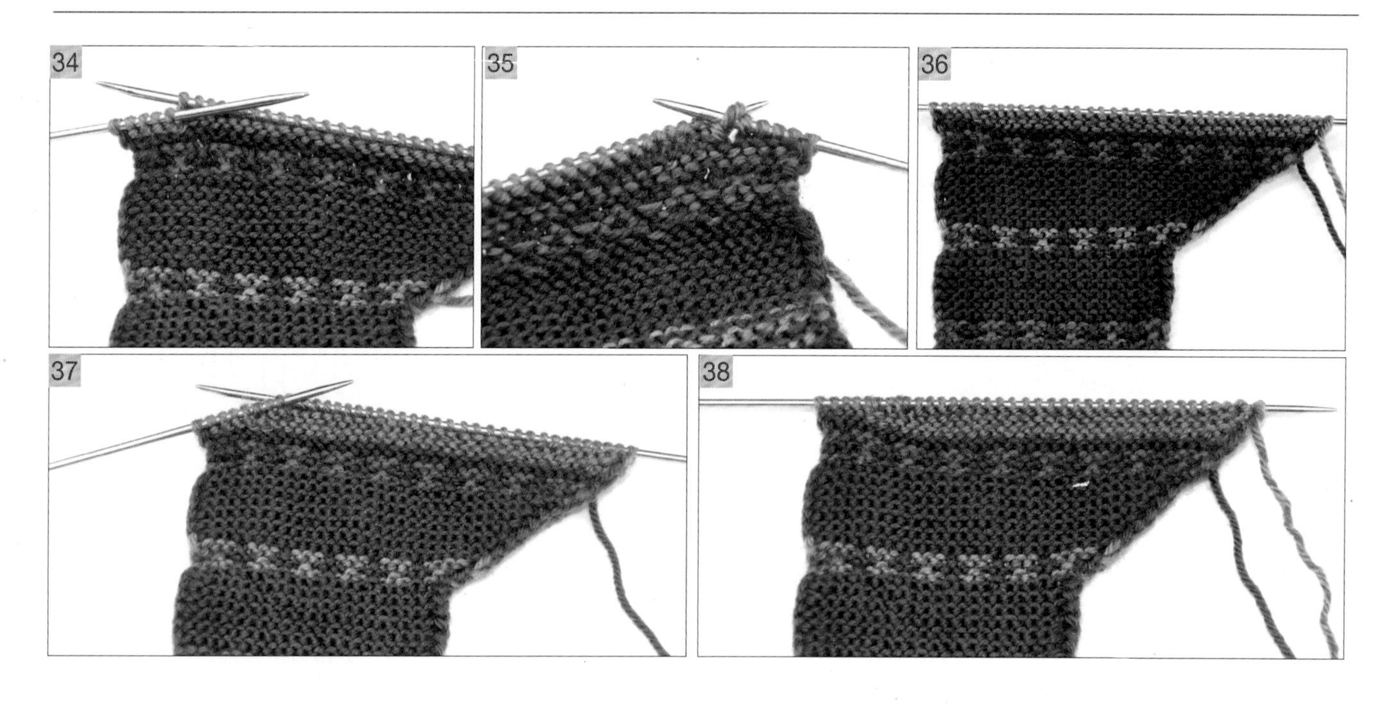

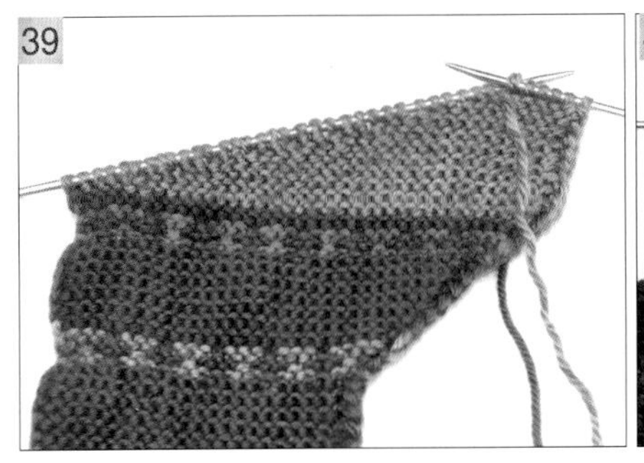

【织斜背】（另外一半，共10个来回）

以37码鞋为例

第1个来回：（灰色线）

第1针挑过不织，织6针下针，共7针，比上一行多1针错开，掉头往回织，第1针挑下不织，全部织下针。（见图42、图43）

第2个来回：（灰色线）

第1针挑过不织，织9针下针(即往前多织了3针)，共10针。掉头往回织，第1针挑下不织，全部织下针。（见图44、图45）

第3个来回：（灰色线）

第1针挑过不织，织12针下针(即往前多织了3针)，共13针。掉头往回织，第1针挑下不织，全部织下针。

接下来每个来回往前多织3针，一直到左棒针上剩下4针，掉头往回织，第1针挑下不织，全部织下针。

一共织了10个来回。织完一共38针。（见图46~图48）

第4个来回：织15针下针，共16针。

第5个来回：织18针下针，共19针。

第6个来回：织21针下针，共22针。

第7个来回：织24针下针，共25针。

第8个来回：织27针下针，共28针。

第9个来回：织30针下针，共31针。

第10个来回：织33针下针，共34针。

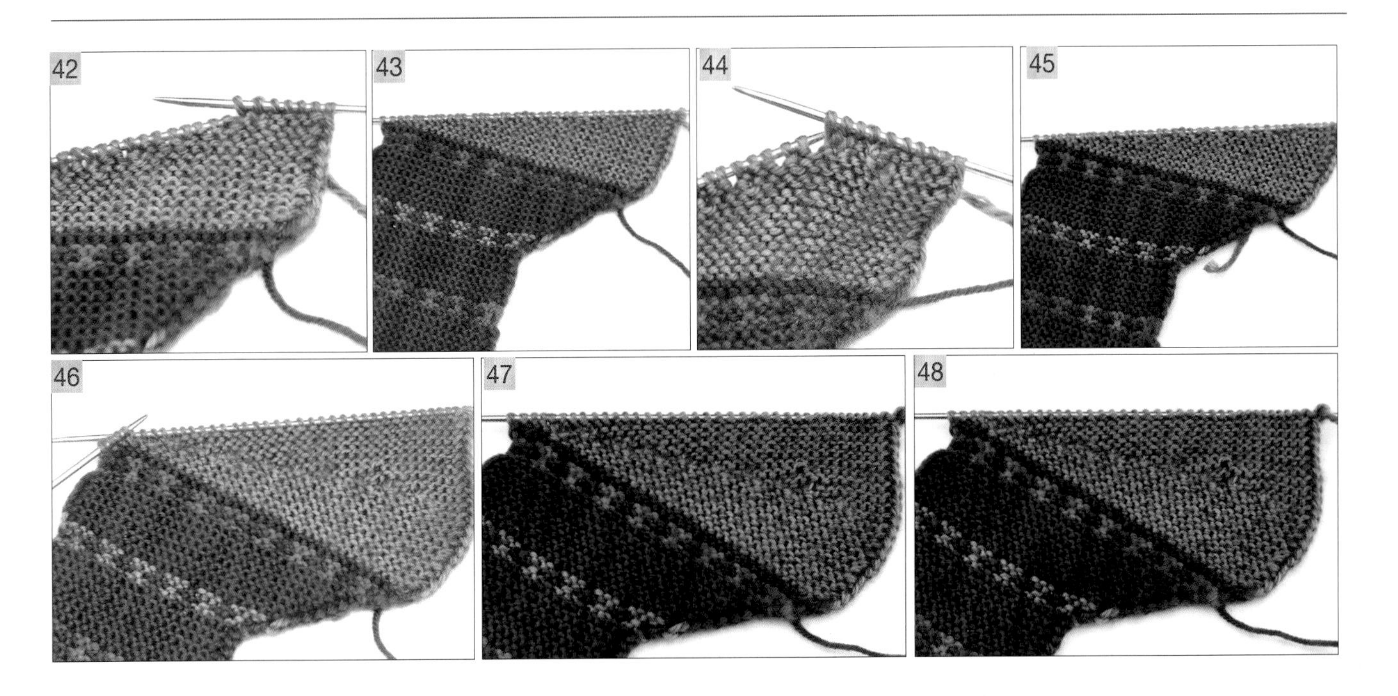

【鞋侧面】（共15个来回）

要点：开始减针。每个来回减1针，反面最右边织2针并1针，灰色线1个来回，藏蓝色线1个来回，玫红色线工字花3个来回，藏蓝色线7个来回，灰色线工字花3个来回。一共减了1+1+3+7+3=15针。织完一共38−15=23针。

用灰色线织1个来回。
正面：全部织下针。
反面：第1针挑过不织，全部织下针，最后2针一起织2针并1针，将灰色线断线。（见图49）

换成藏蓝色线织1个来回。
正面：全部织下针。
反面：第1针挑过不织，全部织下针，最后2针一起织2针并1针。（见图50）

接下来换成玫红色线织工字花（同前面工字花织法相同，共3个来回，1个来回减1针，反面最右边织2针并1针）。
第1个来回(玫红色线)：（见图51~图53）
正面：（织3针下针，滑1针不织），括号内动作重复多次。
反面：第1针挑下不织，遇到玫红色线圈织下针，遇到藏蓝色线圈织滑针。最后剩下的2针一起织2针并1针。

第2个来回（换成藏蓝色线）：（见图54）
正面：玫红色线圈的3针中间的一针织滑针，其他的都织下针。
反面：第1针挑过不织，遇到藏蓝色线圈织下针，遇到玫红色线圈织滑针。最后剩下的2针一起织2针并1针。

第3个来回（换成玫红色线）：（见图55）
正面：藏蓝色线圈的3针中间的一针织滑针，其他的都织下针。
反面：第1针挑下不织，遇到玫红色线圈织下针，遇到藏蓝色线圈织滑针。最后剩下的2针一起织2针并1针。
工字花完成。将玫红色线断线。
换成藏蓝色线织7个来回。（见图56）

接下来换成灰色线织工字花（同前面工字花织法相同,共3个来回，1个来回减1针，反面最右边织2针并1针）。（见图57）

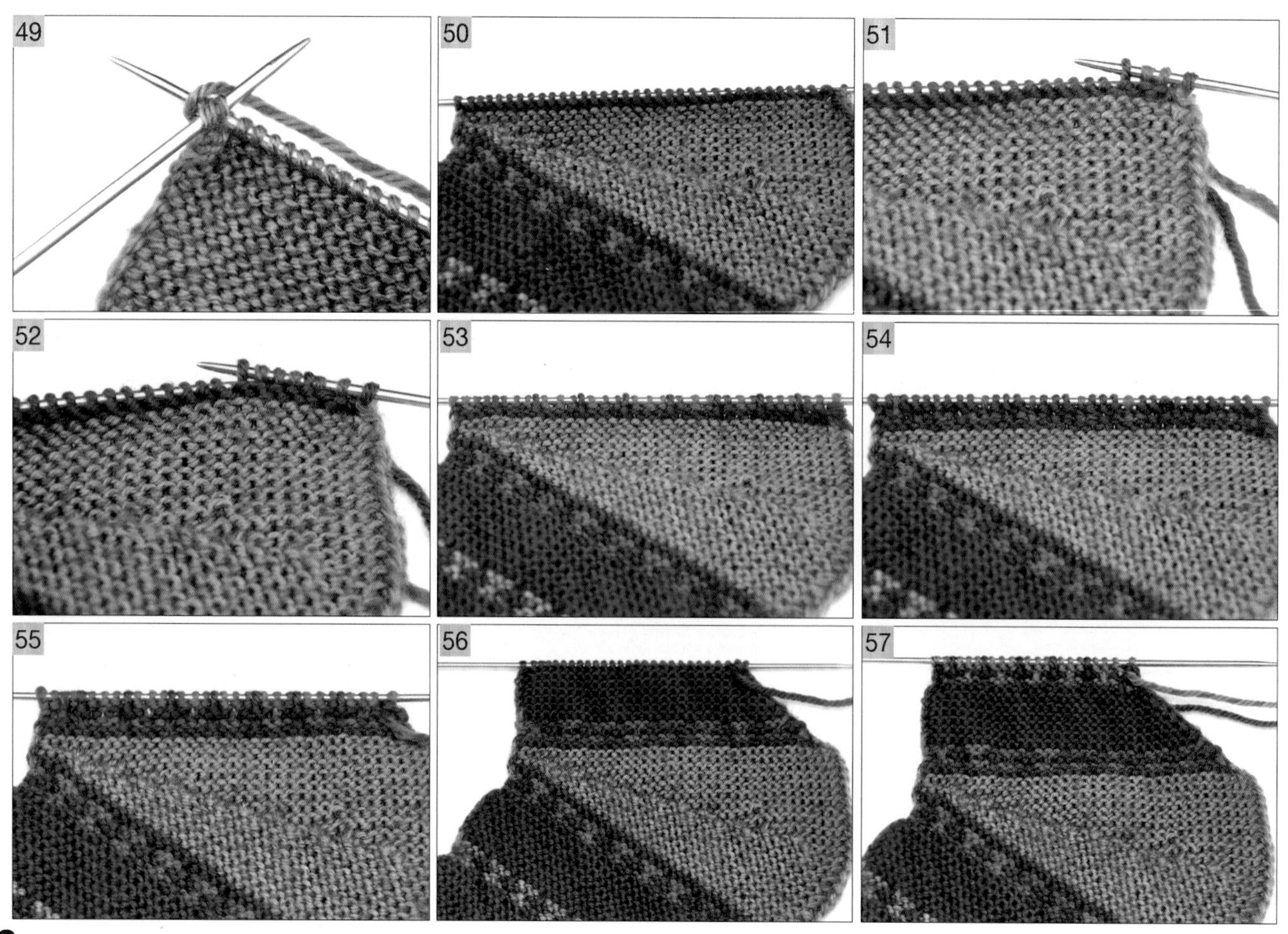

【后跟编织】（共17个来回）

以37码鞋为例

接下来织右侧鞋后面。不加针不减针。

用藏蓝色线织7个来回，用玫红色线织工字花3个来回，再用藏蓝色线织7个来回。共7+3+7=17个来回。收针。

（见图58~图62）

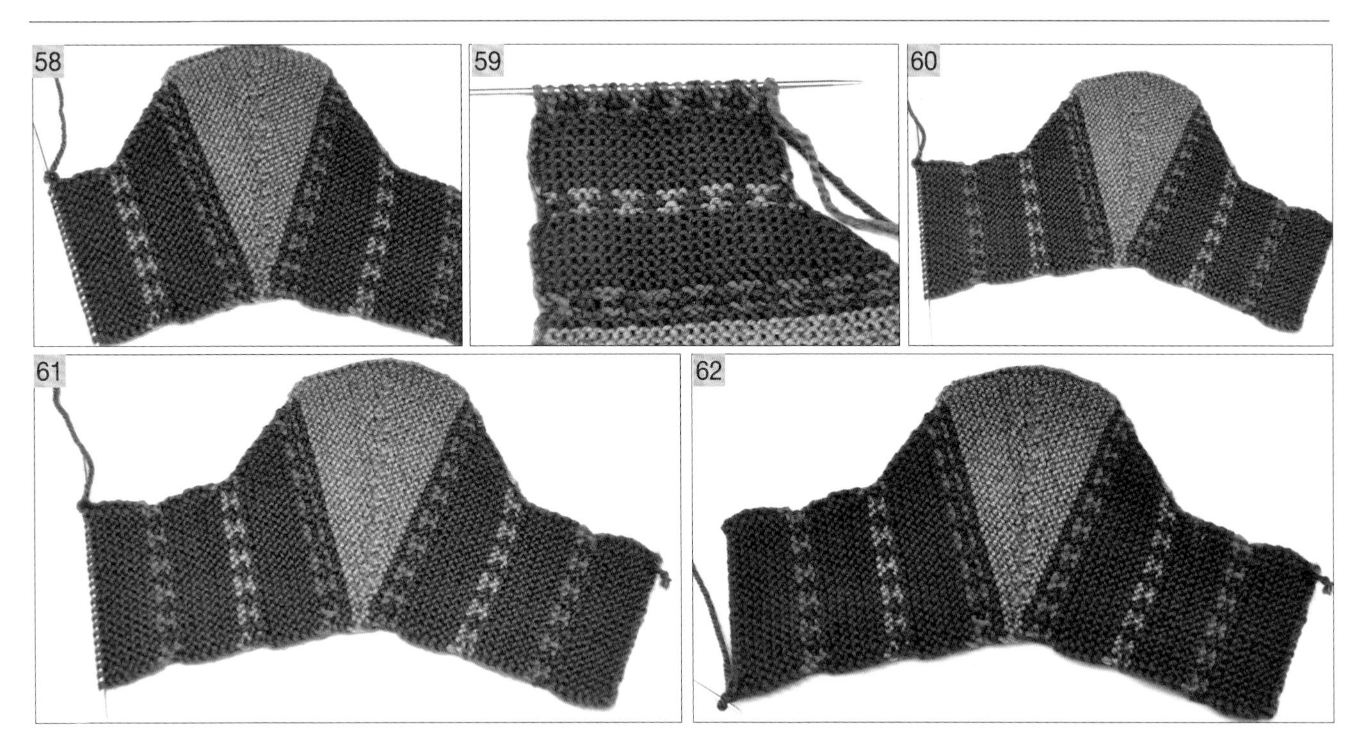

【鞋筒编织】

以37码鞋为例

用藏蓝色线沿着鞋子内侧边缘挑辫子针（前面织的最后一针留的都是辫子针）。每个辫子针挑1针。一共17+15+15+17=64针。

2行藏蓝色+灰色工字花3行+7行藏蓝色+玫红色工字花3行+10行藏蓝色（正面下针反面上针），收针断线。

完成鞋面编织。（见图63~图70）

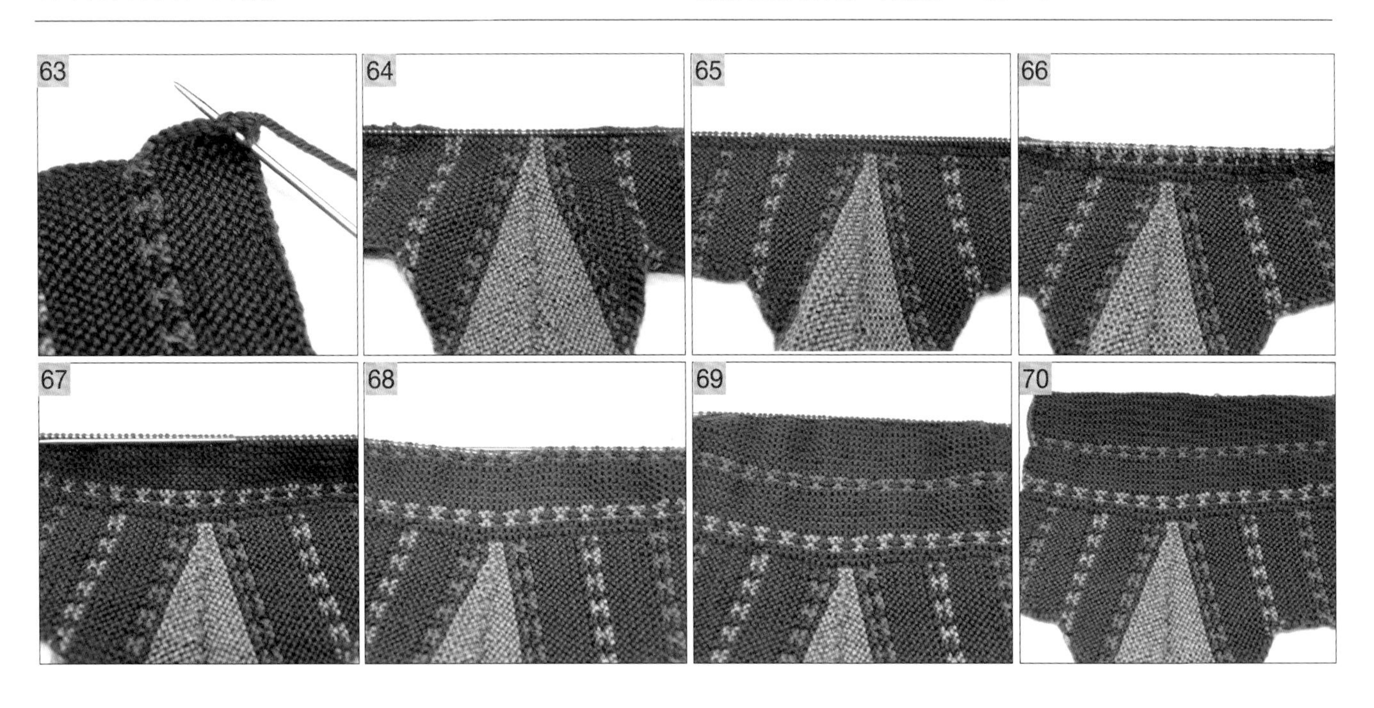

【鞋子缝合】

以37码鞋为例

需要准备的材料

先将织好的织片对折，用缝衣针将重合部分处理并缝合在一起。（见图71）

再用剪刀剪一块如图72、图73形状的海绵片各2片，家中没有海绵片的可以用废弃的棉衣或毛呢衣代替。图72做靴筒，图73做鞋面。剪下的海绵片大小需比织片大，比照鞋面大小，将多余部分剪掉。再依照准备好的37码鞋底剪2片鞋垫。

准备开始缝合

将2块海绵片重合在一起，用缝衣针将2块海绵片缝合在一起，接着将鞋垫、鞋后跟也缝合好，见图74~图76。将织片翻至反面，将织片鞋底边紧密地缝合在鞋底上，见图77。再将图76和图77鞋底缝合在一起，见图78。最后将鞋面翻至正面，鞋子基本就缝合好了。最后缝合鞋筒。鞋子完成，见图79。

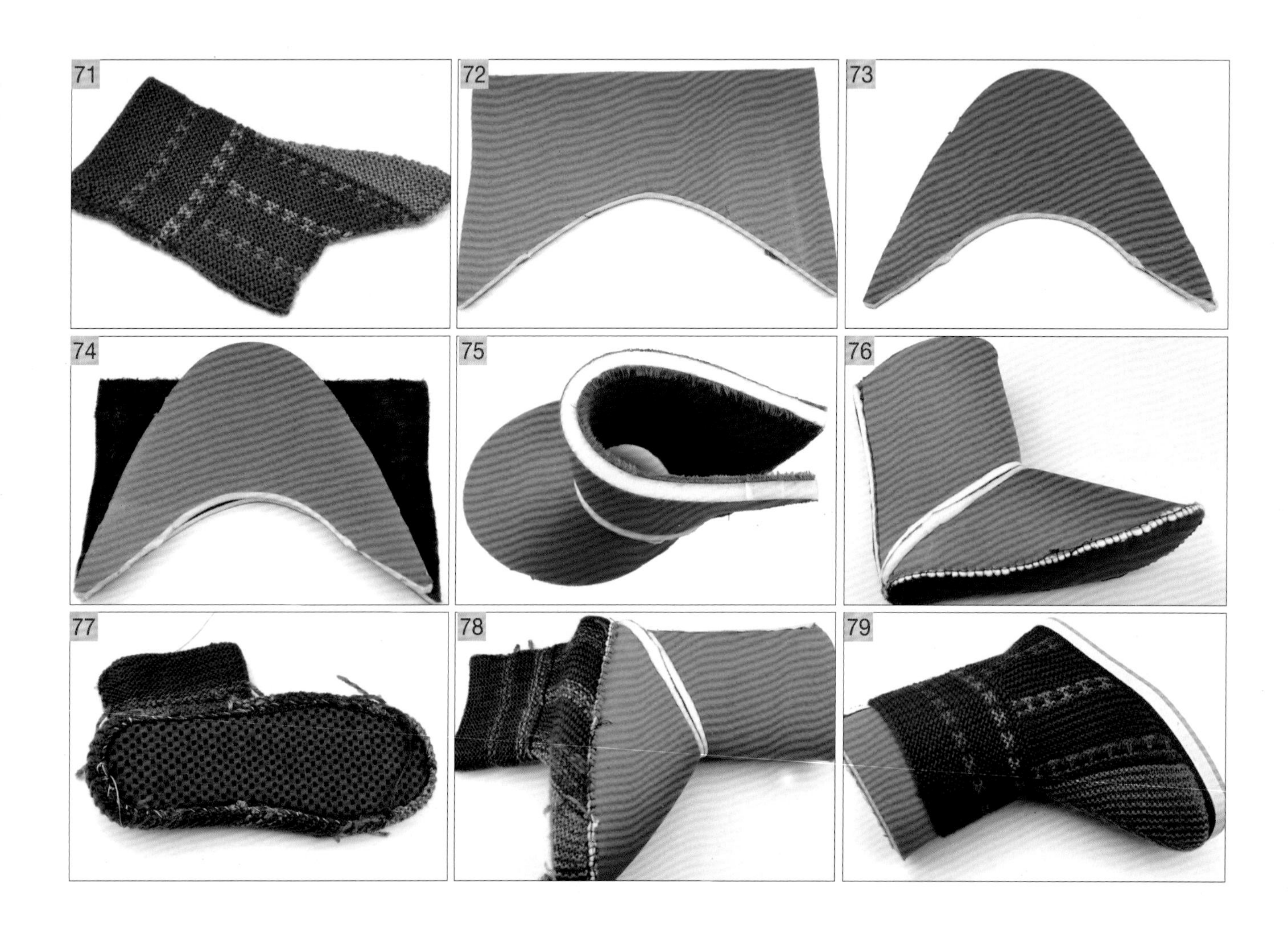

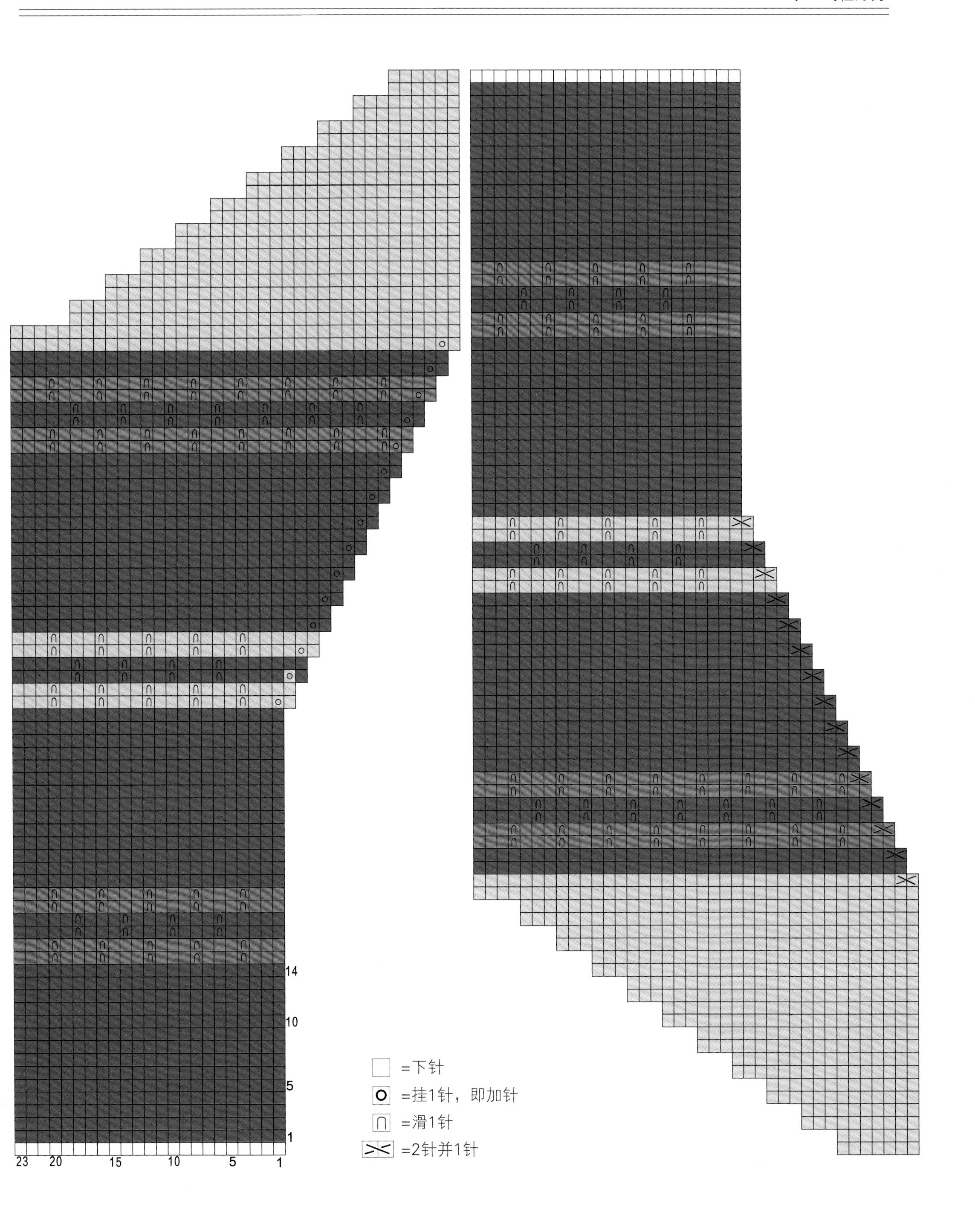
14
10
5
1
23
20
15
10
5
1
=下针
=挂1针，即加针
=滑1针
=2针并1针

时尚系带棉鞋

材料：牛奶棉

小麦色线 100g

暗红色线 100g

工具：鞋面 13号棒针，
内胆 10号棒针，
鞋带 3.5mm钩针

鞋子尺码	起针数	中间14针双罗纹，两边加针数	鞋头行数	收针方法	鞋面总针数	后跟总行数
26、27码	起头16针织	双罗纹两边各加1针	加5次针后，两边开始收针	4行收一次	48针	32行
28、29码	起头16针织	双罗纹两边各加1针	加5次针后，两边开始收针	4行收一次	48针	34行
30、31码	起头16针织	双罗纹两边各加1针	加6次针后，两边开始收针	4行收一次	52针	36行
32、33码	起头18针织	双罗纹两边各加2针	加6次针后，两边开始收针	4行收一次	52针	38行
34、35码	起头18针织	双罗纹两边各加2针	加7次针后，两边开始收针	6行收一次	54针	40行
36码	起头20针织	双罗纹两边各加3针	加7次针后，两边开始收针	6行收一次	60针	42行
37、38码	起头20针织	双罗纹两边各加3针	加8次针后，两边开始收针	6行收一次	60针	44行
39、40码	起头22针织	双罗纹两边各加4针	加8次针后，两边开始收针	6行收一次	64针	46行
41、42码	起头22针织	双罗纹两边各加4针	加9次针后，两边开始收针	6行收一次	64针	48行
43、44码	起头24针织	双罗纹两边各加5针	加9次针后，两边开始收针	6行收一次	68针	50行
45、46码	起头24针织	双罗纹两边各加5针	加10次针后，两边开始收针	6行收一次	68针	52行
47、48码	起头24针织	双罗纹两边各加5针	加10次针后，两边开始收针	6行收一次	68针	54行

【鞋面图解】

以35码鞋为例

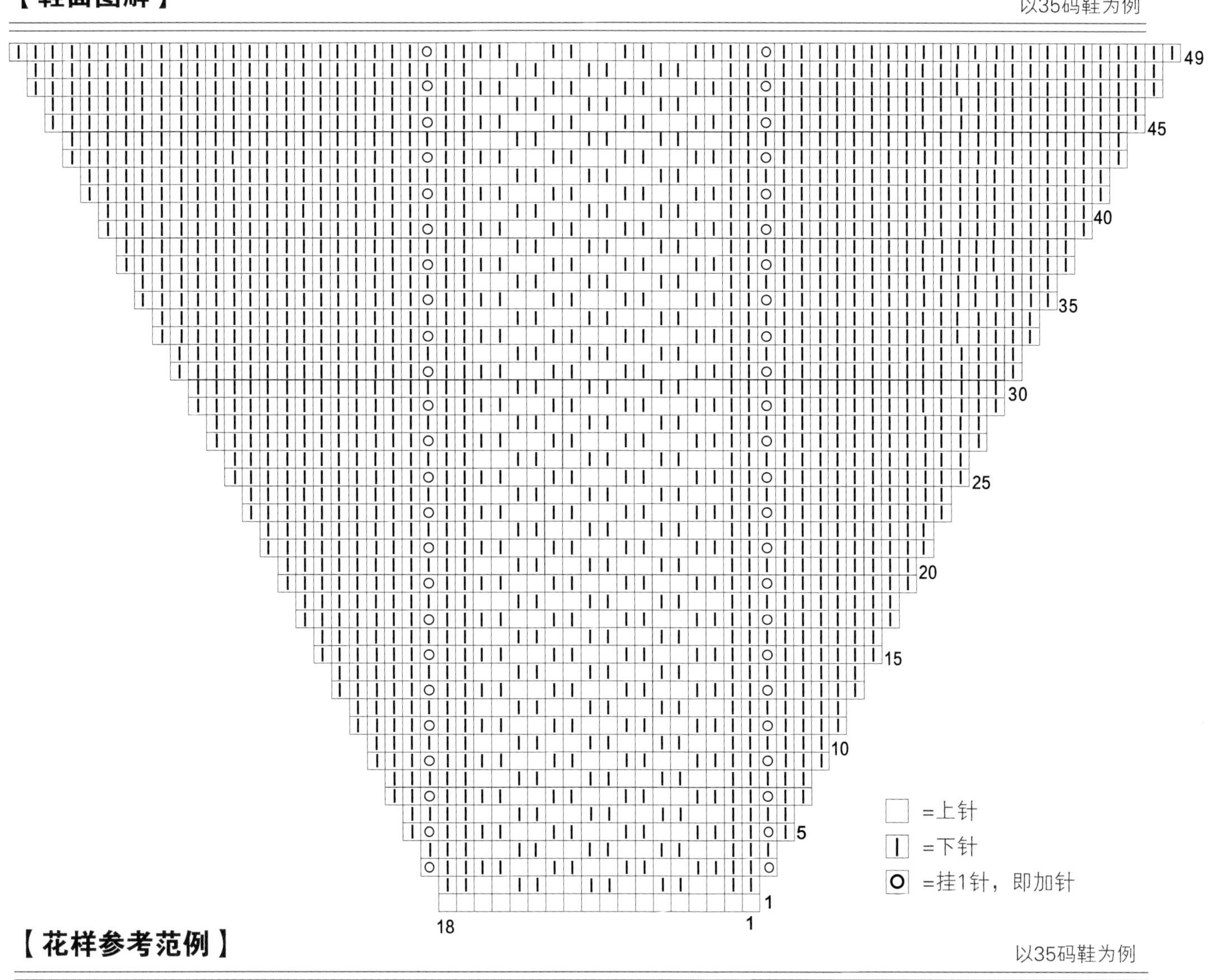

【花样参考范例】

以35码鞋为例

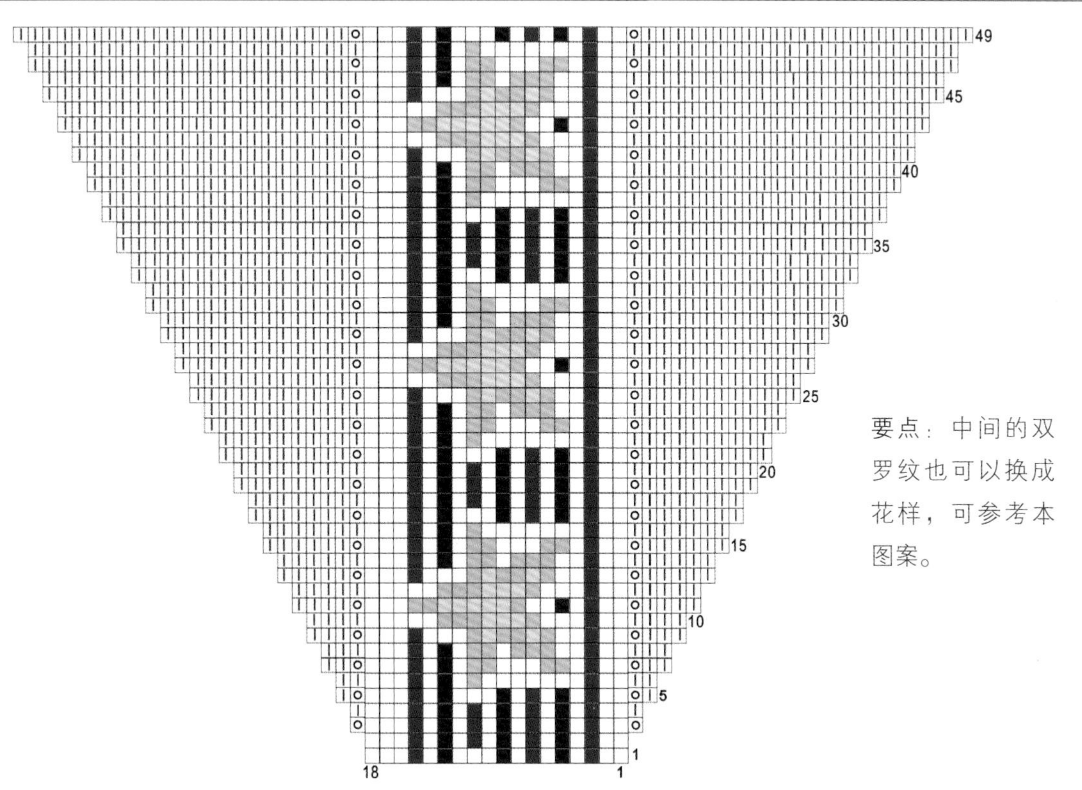

要点：中间的双罗纹也可以换成花样，可参考本图案。

【鞋面鞋尖起织】

要点：

1.编织鞋面时每行的第1针都挑下不织，形成辫子针。

2.正面织下针的反面就织上针，正面织上针的反面就织下针。

3.双罗纹花样两侧要对称。

4.由于线的粗细程度不同，另外每个人织的松紧度不同，织出来的成品不同。建议边织边比对鞋底。鞋面图解仅供参考。

起织：起18针

第1行：反面，全部织上针。这样完成了一个来回。

第2行：开始排正中间的双罗纹花样共14针，剩下18-14=4针，两边各织2针下针。

即2针下针，双罗纹花样（14针），2针下针。（要点：最开始的1针都挑下不织，形成辫子针。下同。后面不做说明。）

第3行：反面，两边各加1针。共20针。

即1针上针，挂线加 1针，1针上针，双罗纹花样（14针），1针上针，挂线加1针，1针上针。

第4行：正面，3针下针，双罗纹花样14针，3针下针。

第5行：反面，两边各加1针。共22针。（注意：加针位置在双罗纹花样两边的2针下针旁边，下同。）

即1针上针，挂线加1针，[2针上针，双罗纹花样（14针），2针上针]，挂线加1针，1针上针。方括号内两侧是加针位置，下同。

第6行：正面，4针下针，双罗纹花样（14针），4针下针。

第7行：反面，两边各加1针。共24针。

即2针上针，挂线加1针，[2针上针，双罗纹花样（14针），2针上针]，挂线加1针，2针上针。

接下来每个来回织反面时两边各加1针，一直加到双罗纹花样14针两侧各26针。

共织了49行。共26+14+26=66针。

（见图1~图9）

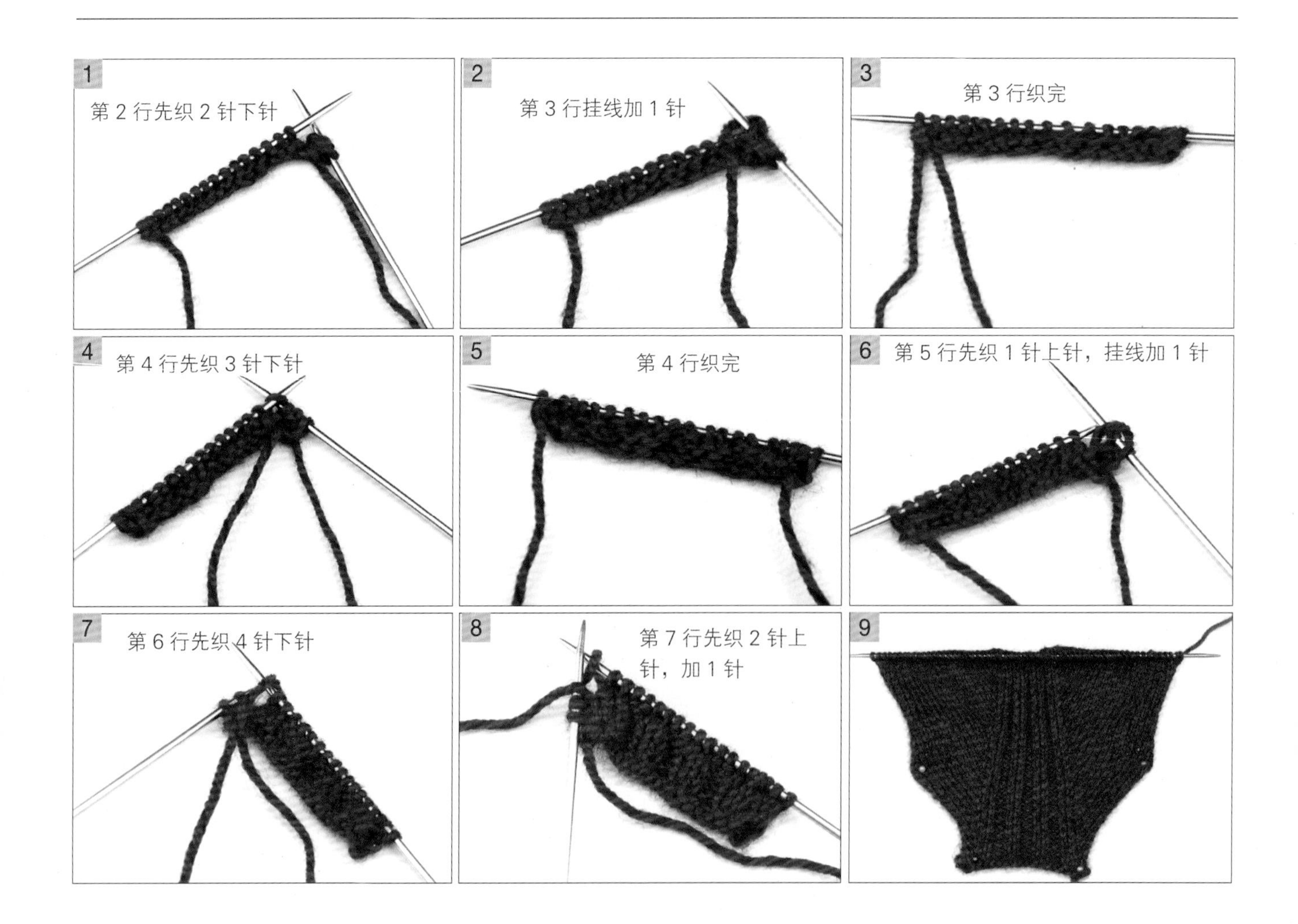

【鞋右后跟编织】全部织下针

以35码鞋为例

从右往左挑针，挑出24针织下针（第1针挑下不织），以挂线方式加16针。共40针。
再织20个来回，全部织下针。收针，断线。（见图10~图12）

【鞋左后跟编织】全部织下针

以35码鞋为例

重新接上线，从左往右挑针，挑出24针织下针，第1针挑下不织，然后以挂线方式加16针。共40针。
再织20个来回，全部织下针。收针，断线。（见图13~图15）

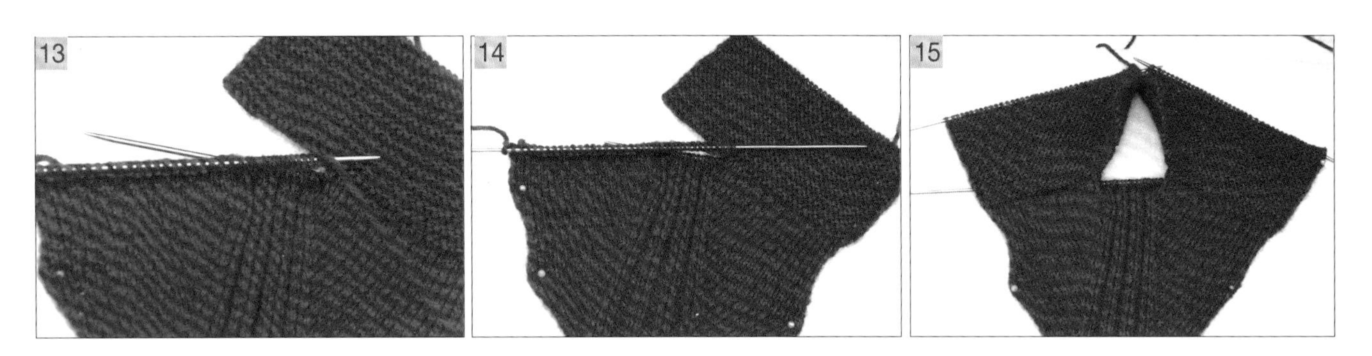

【鞋后跟的缝合】

以35码鞋为例

重新接上线，反面缝合，一针对着一针地缝合（2针并1针，然后将毛衣针上后面的线圈拉过来）。（见图16~图18）

【鞋舌编织】

以35码鞋为例

中间的鞋舌部分是18针。
要点：边上要织成辫子针（将针放在线的下方，第1针挑下不织，将线绕到织物后面），来回全部织下针。织的高度和鞋后跟高度一致或者略高一点儿就可以了。然后收针，断线。

【内胆编织】

以35码鞋为例

用10号棒针织，和鞋面的织法一致。不同之处在于不用织花样，且织得比鞋面小2码即可。（见图19~图24）

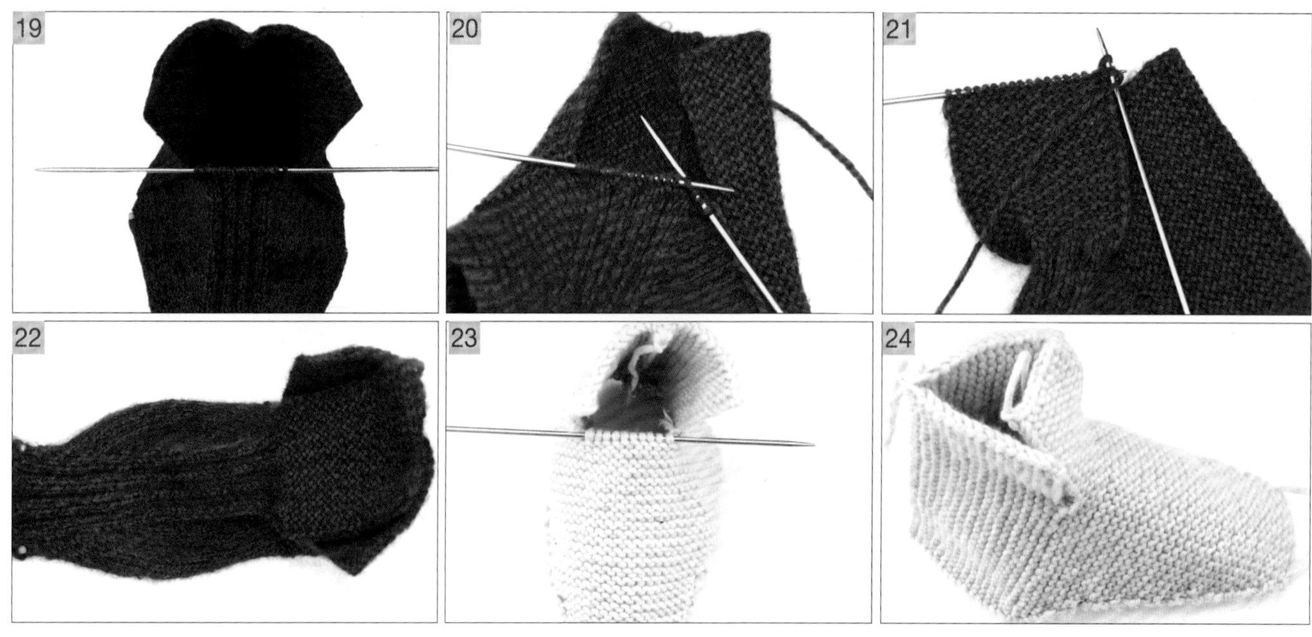

【鞋带编织】

以35码鞋为例

先用钩针钩60cm长的辫子，然后换棒针编织，每根棒针起3针，然后在每行左、右两边各加1针，一直加到2根针都各13针时，将多余线放置在花口中，然后以2针并1针的方式收口。鞋带两边花样相同。最后将织好的鞋带如图29~图33的方式用钩针穿入鞋中。（见图25~图28）

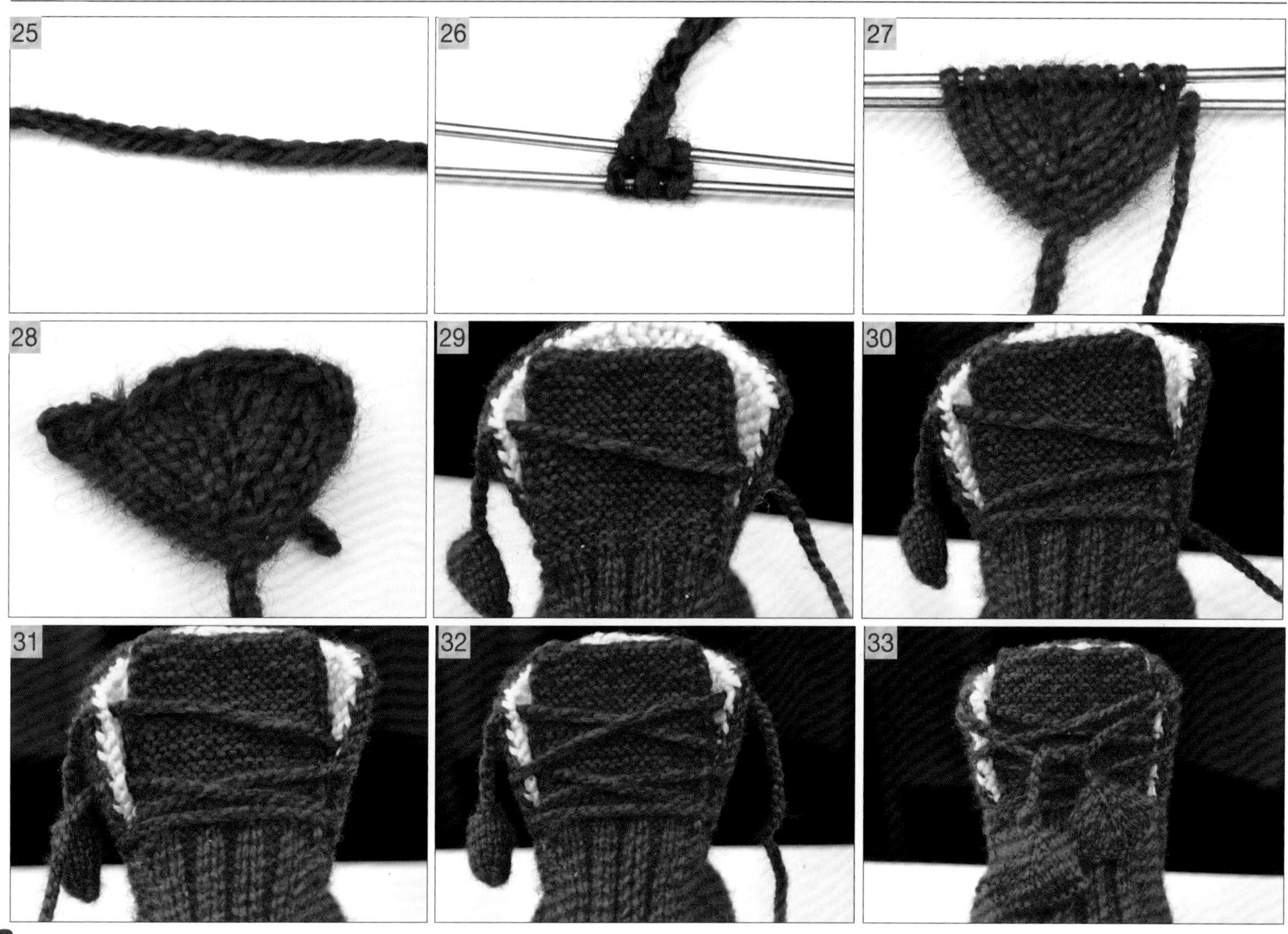

鞋子尺码	起针数	后跟行数	加2针的次数	加1针之后的总针数	鞋背第一次丢针数	每个来回丢3次针的针数
36码	起头14针	7个来回	5次	48针	14针	11
37、38码	起头14针	7个来回	5次	50针	14针	11
39、40码	起头14针	7个来回	5次	52针	14针	11
41、42码	起头14针	7个来回	5次	54针	14针	11
43、44码	起头14针	7个来回	5次	56针	14针	11
45、46码	起头14针	7个来回	5次	58针	14针	11
47、48码	起头14针	7个来回	5次	60针	14针	11

【鞋后跟起织】

以37、38码鞋为例

要点：反面时边缘织成辫子状(将针放在线的下方，挑下第1针不织，然后将线放在织片后面)。

用褐色线，起针14针。（见图1）

正面：织1行全下针

反面：第1针挑下不织（形成辫子状），其他全织下针。

换蓝色线，来回织1行下针。（见图2）

换褐色线，来回织1行下针。

换蓝色线，来回织1行下针。

换褐色线，来回织1行下针。

换蓝色线，来回织1行下针。

换褐色线，来回织1行下针。（见图3）

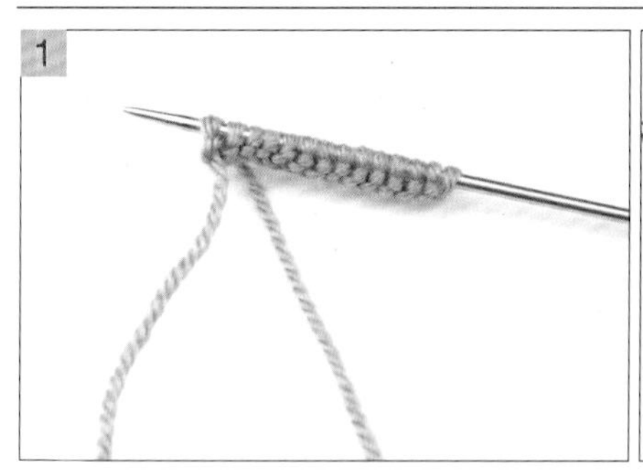

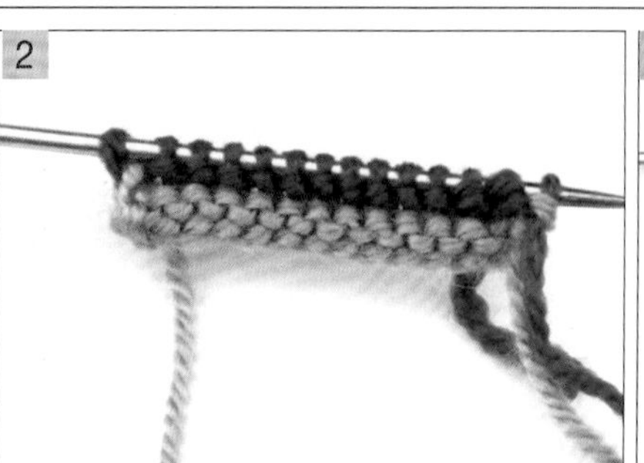

【鞋侧面编织】开始加针，织满天星花样

以37、38码鞋为例

要点：

1. 每个来回加2针，织5个来回。一共加了10针，共24针。
2. 正面第1针后面加2针，全部织下针。
3. 反面挑下第1针不织，边缘形成辫子状。其他全织下针。
4. 2个颜色线（褐色线和蓝色线）交替织。

用蓝色线加针，加2针，共16针。（见图4、图5）

用褐色线加针，加2针，共18针。

用蓝色线加针，加2针，共20针。

用褐色线加针，加2针，共22针。

用蓝色线加针，加2针，共24针。

接下来开始织花

要点：

1. 每个来回加1针。
2. 反面挑下第1针不织，边缘形成辫子状。其他全部织下针。
3. 正面第1针后面加针。用织花样的技巧，挑全针，织半针。半针的颜色和当前织的颜色是一样的。织到剩下14针时全织下针。
4. 2个颜色线交替织，共26个来回。加26针，一共50针。

换褐色线开始织：（见图6~图10）

正面：织1针下针，加1针（挑1针不织，织1针下针），括号内动作重复多次，织到剩下14针时全织下针。

反面：第1针挑下不织，全部织下针。

换成蓝色线

正面：织1针下针，加1针，挑全针，织半针。织到剩下14针时全织下针。

反面：第1针挑下不织，全部织下针。

换成褐色线

正面：织1针下针，加1针，挑全针，织半针。织到剩下14针时全织下针。

反面：第1针挑下不织，全部织下针。

重复上面的步骤，加针，挑织，一直加到总针数为50针时为止 。（见图11、图12）

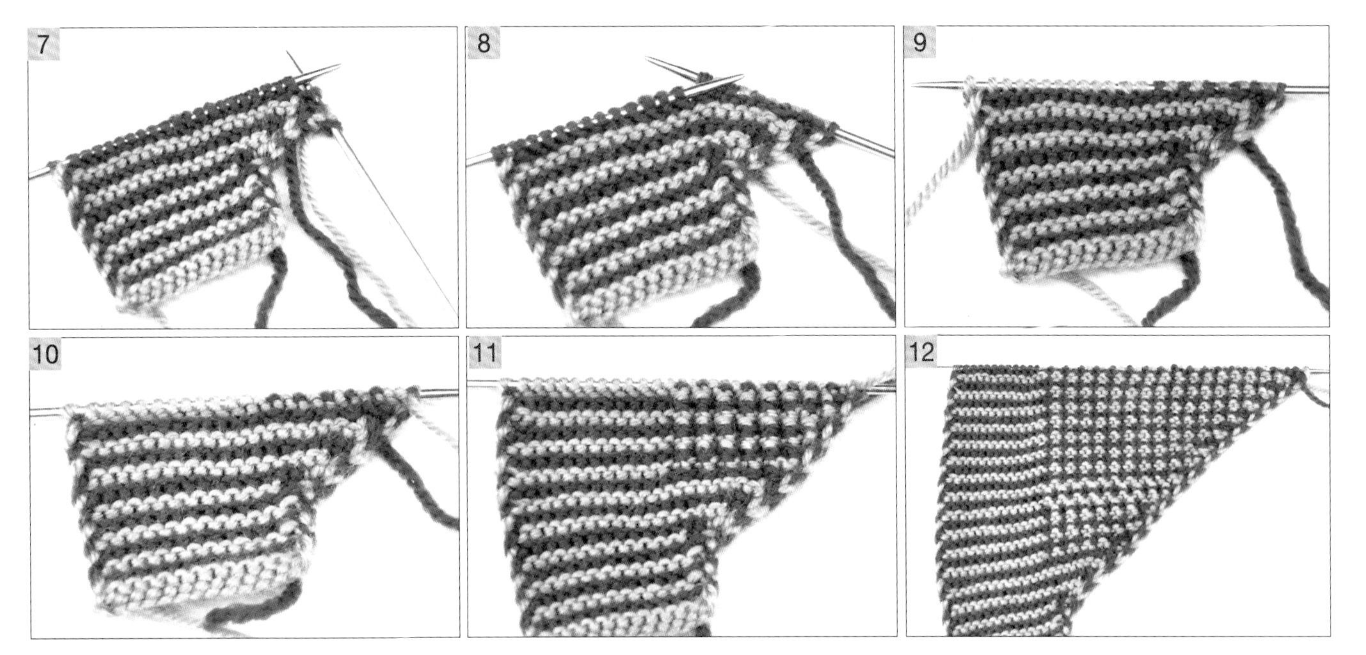

【织鞋背】

以37、38码鞋为例

要点：

1. 2个颜色线交替织。
2. 第1次丢14针，后面3针3针地丢。
3. 反面第1针挑下不织，全部织下针。

第1个来回：第1针挑过不织，一直往后织下针。留下14针不织（丢了14针）。织完右针上共36针。（见图13、图14）
然后掉头往回织。第1针挑过不织，然后全织下针 。
第2个来回：第1针挑过不织，一直往后织下针。留下17针不织（又丢了3针）。织完右针上共33针。（见图15）
然后掉头往回织。第1针挑过不织，然后全织下针。
第3个来回：第1针挑过不织，一直往后织下针。留下20针不织（又丢了3针）。织完右针上共30针。
然后掉头往回织。第1针挑过不织，然后全部织下针。
接下来3针3针地丢，一直到右针上剩下6针，掉头往回织。第1针挑过不织，全部织下针。一共织了11个来回。完成整个鞋面一半的编织。（见图16~图18）

第4个来回：同上。织完右针上共27针。
第5个来回：同上。织完右针上共24针。
第6个来回：同上。织完右针上共21针。
第7个来回：同上。织完右针上共18针。
第8个来回：同上。织完右针上共15针。
第9个来回：同上。织完右针上共12针。
第10个来回：同上。织完右针上共9针。
第11个来回：同上。织完右针上共6针。

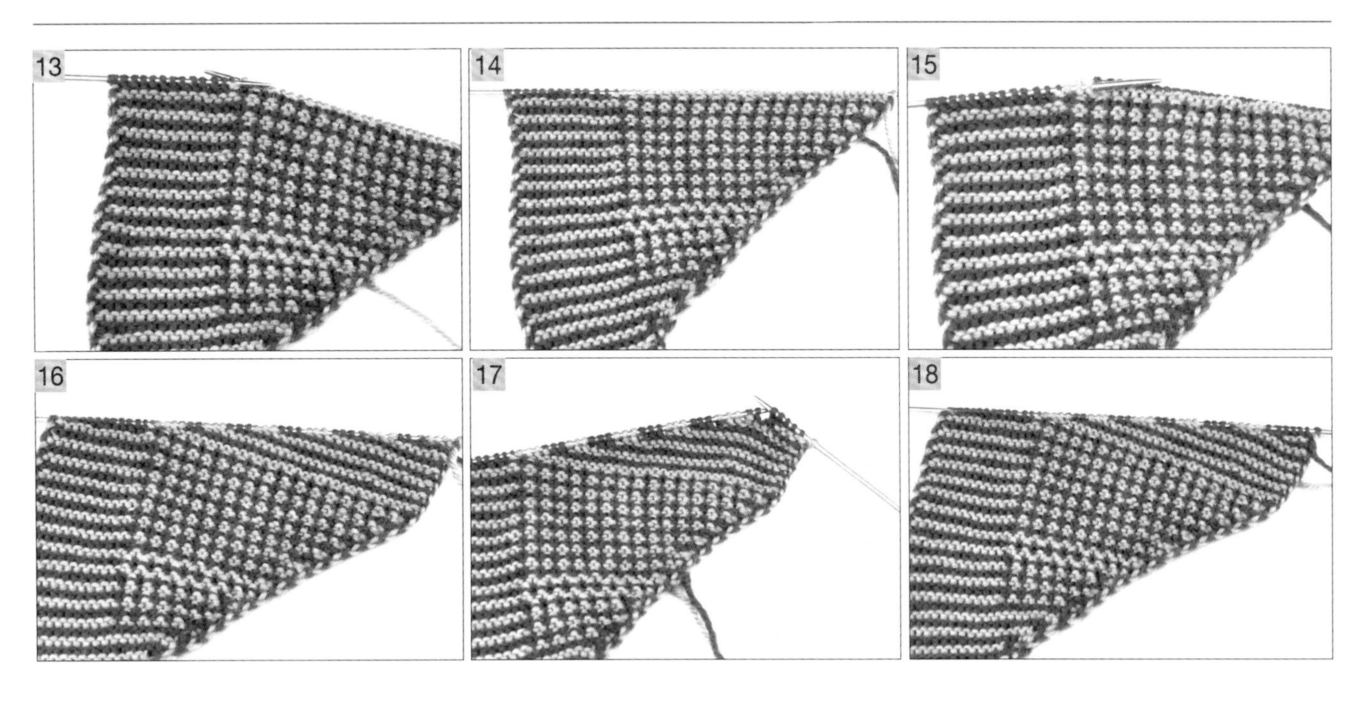

【织另一半鞋背】

以37、38码鞋为例

要点：

1. 2个颜色交替织。

2. 第一次织7针，3针3针地加。

第1个来回：第1针挑过不织，织6针下针，共7针，比上一行多1针错开，掉头往回织，第1针挑下不织。全部织下针。

第2个来回：第1针挑过不织，织9针下针(即往前多织了3针)，共10针。掉头往回织，第1针挑下不织。全部织下针。

第3个来回：第1针挑过不织，织12针下针(即往前多织了3针)，共13针。掉头往回织，第1针挑下不织。全部织下针。

接下来每个来回往前多织3针。一直到左棒针上剩下16针，掉头往回织，第1针挑下不织，全部织下针。

一共织了10个来回。织完一共50针。

第4个来回：织16针下针，掉头往回织。

第5个来回：织19针下针，掉头往回织。

第6个来回：织22针下针，掉头往回织。

第7个来回：织25针下针，掉头往回织。

第8个来回：织28针下针，掉头往回织。

第9个来回： 织31针下针，掉头往回织。

第10个来回： 织34针下针，掉头往回织。共50-34=16针（见图19~图20）

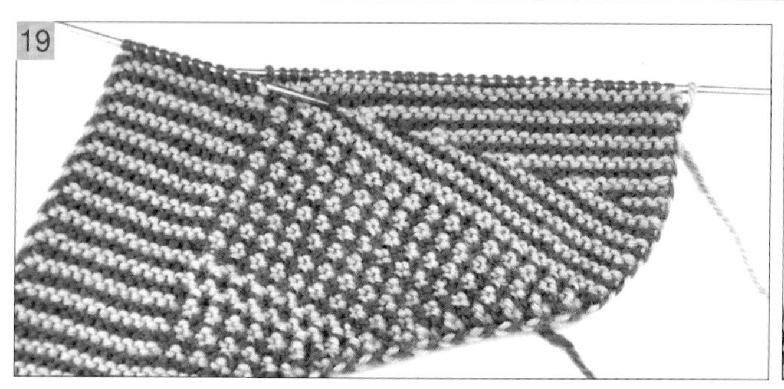

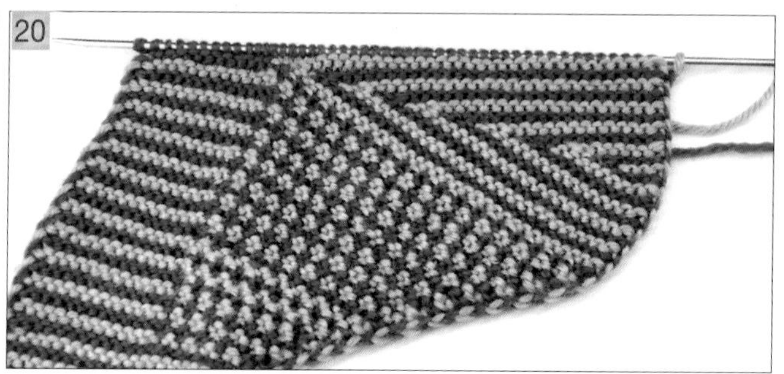

【鞋侧面和另一半鞋后跟编织】

以37、38码鞋为例

鞋侧面编织：开始减针。每个来回减1针，织满天星花样，2个颜色线交替织，共26个来回。减26针，减完共24针。接下来正反面都织下针，每个来回减2针，织5个来回。一共减了10针。减针位置和对应侧面一致。减完共14针。

鞋后跟编织：接下来织右侧鞋后面。不加针不减针。2个颜色线交替织6个来回。（见图21~图26）

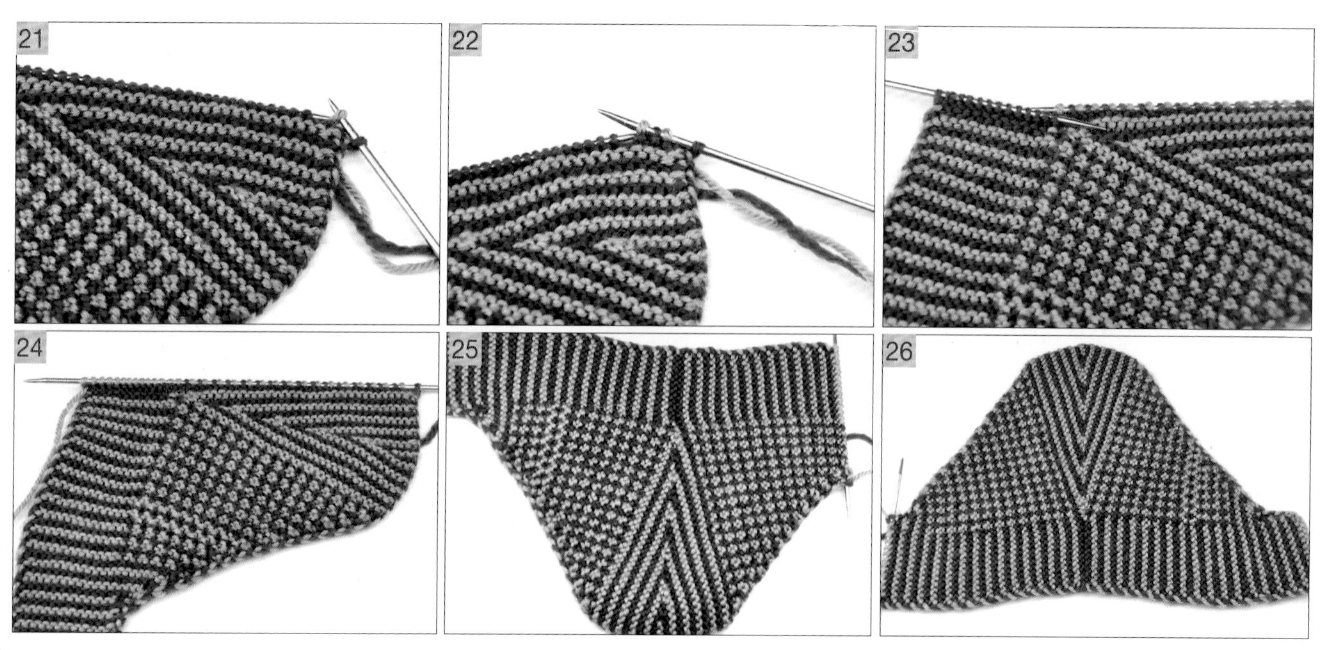

【鞋子缝合】

每一款鞋子的缝合方法基本上是一样的，这里我们简单做下介绍。（见图27~图29）

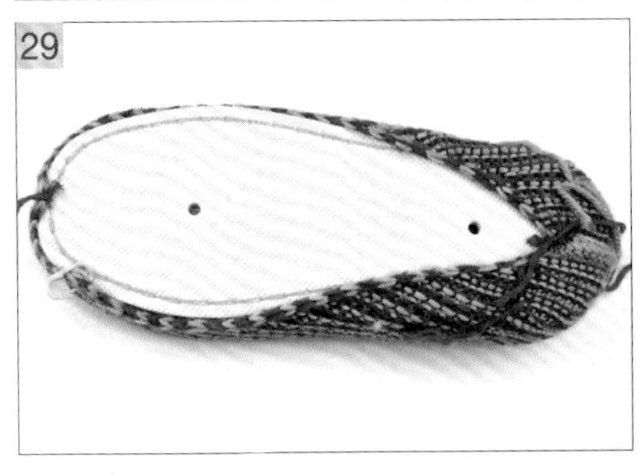

鞋侧面：每个来回加2针，织5个来回，一共加了10针，共24针。加针位置在正面第1针后面。

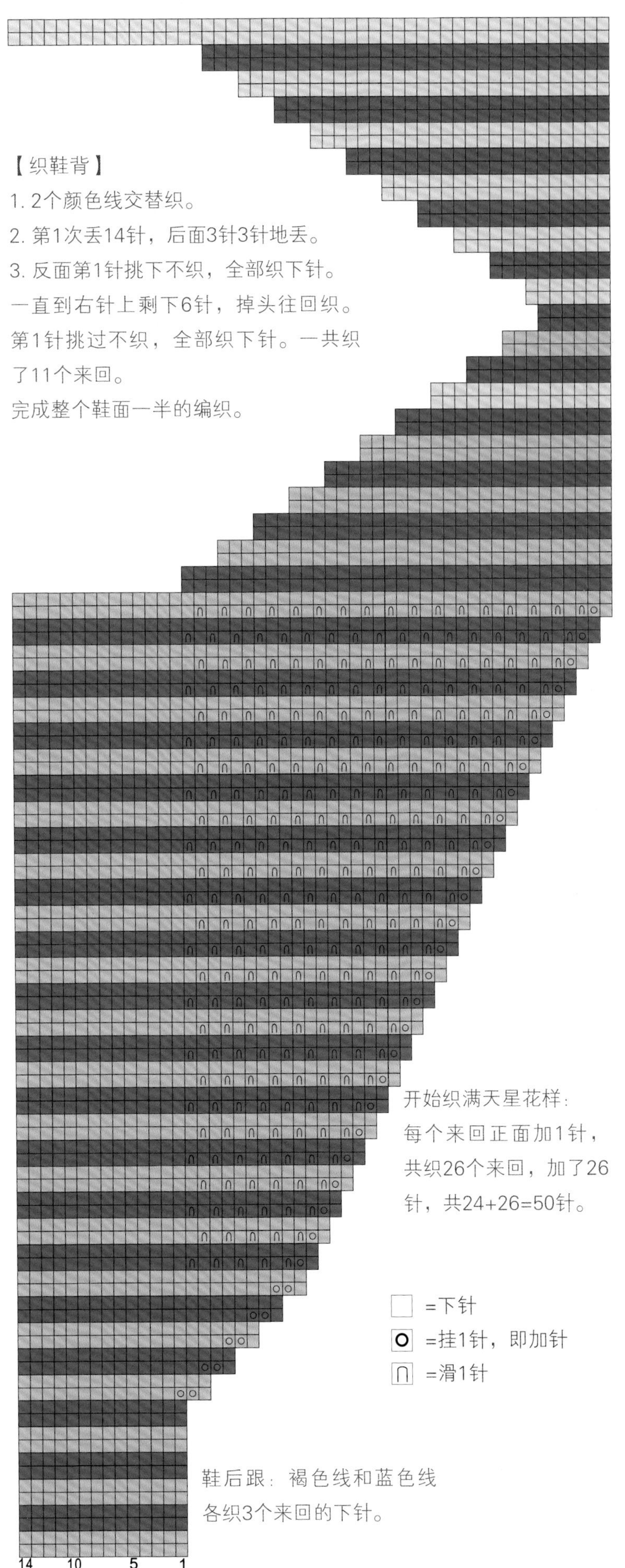

温暖麻花拖鞋

材料：牛奶棉

● 暗红色线　100g

工具：鞋面　13号棒针

鞋子尺码	第一步	第二步	第三步	后跟加针数	鞋口总针数
26、27码	起头22针织	加5次针后开始收针	加到44针	10针	54针
28、29码	起头22针织	加5次针后开始收针	加到46针	10针	56针
30、31码	起头24针织	加5次针后开始收针	加到48针	10针	58针
32、33码	起头24针织	加5次针后开始收针	加到50针	10针	60针
34、35码	起头24针织	加5次针后开始收针	加到52针	10针	62针
36码	起头26针织	加7次针后开始收针	加到54针	12针	66针
37、38码	起头26针织	加7次针后开始收针	加到56针	12针	68针
39、40码	起头26针织	加7次针后开始收针	加到58针	12针	70针
41、42码	起头28针织	加7次针后开始收针	加到60针	12针	72针
43、44码	起头28针织	加7次针后开始收针	加到62针	12针	74针
45、46码	起头28针织	加7次针后开始收针	加到64针	12针	76针
47、48码	起头28针织	加7次针后开始收针	加到66针	12针	78针

【编织全图解】

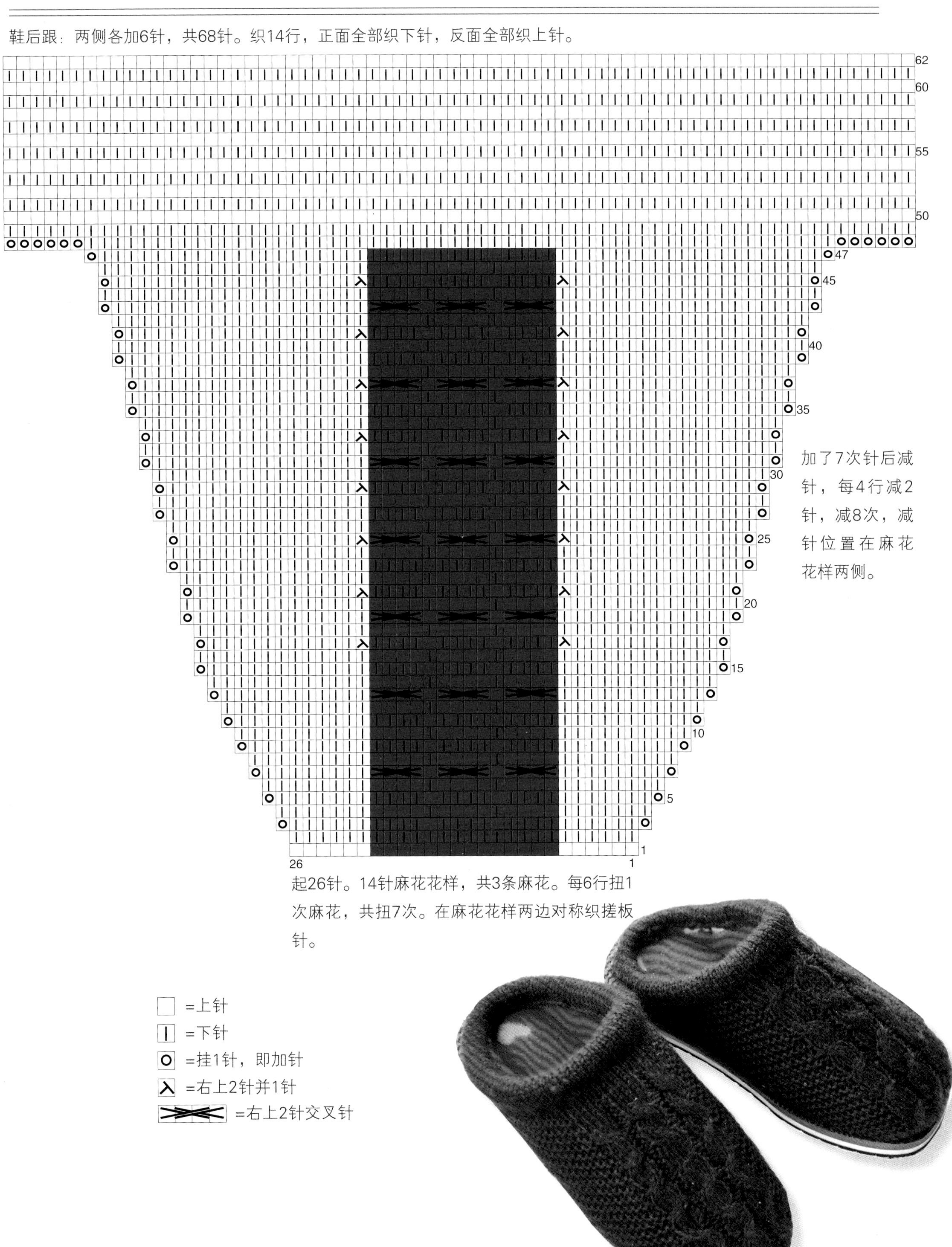

鞋后跟：两侧各加6针，共68针。织14行，正面全部织下针，反面全部织上针。
62
60
55
50
47
45
40
35
30
25
20
15
10
5
1
26
1
加了7次针后减针，每4行减2针，减8次，减针位置在麻花花样两侧。
起26针。14针麻花花样，共3条麻花。每6行扭1次麻花，共扭7次。在麻花花样两边对称织搓板针。
=上针
=下针
=挂1针，即加针
=右上2针并1针
=右上2针交叉针

以37、38码鞋为例

【花样参考范例2】

以37、38码鞋为例

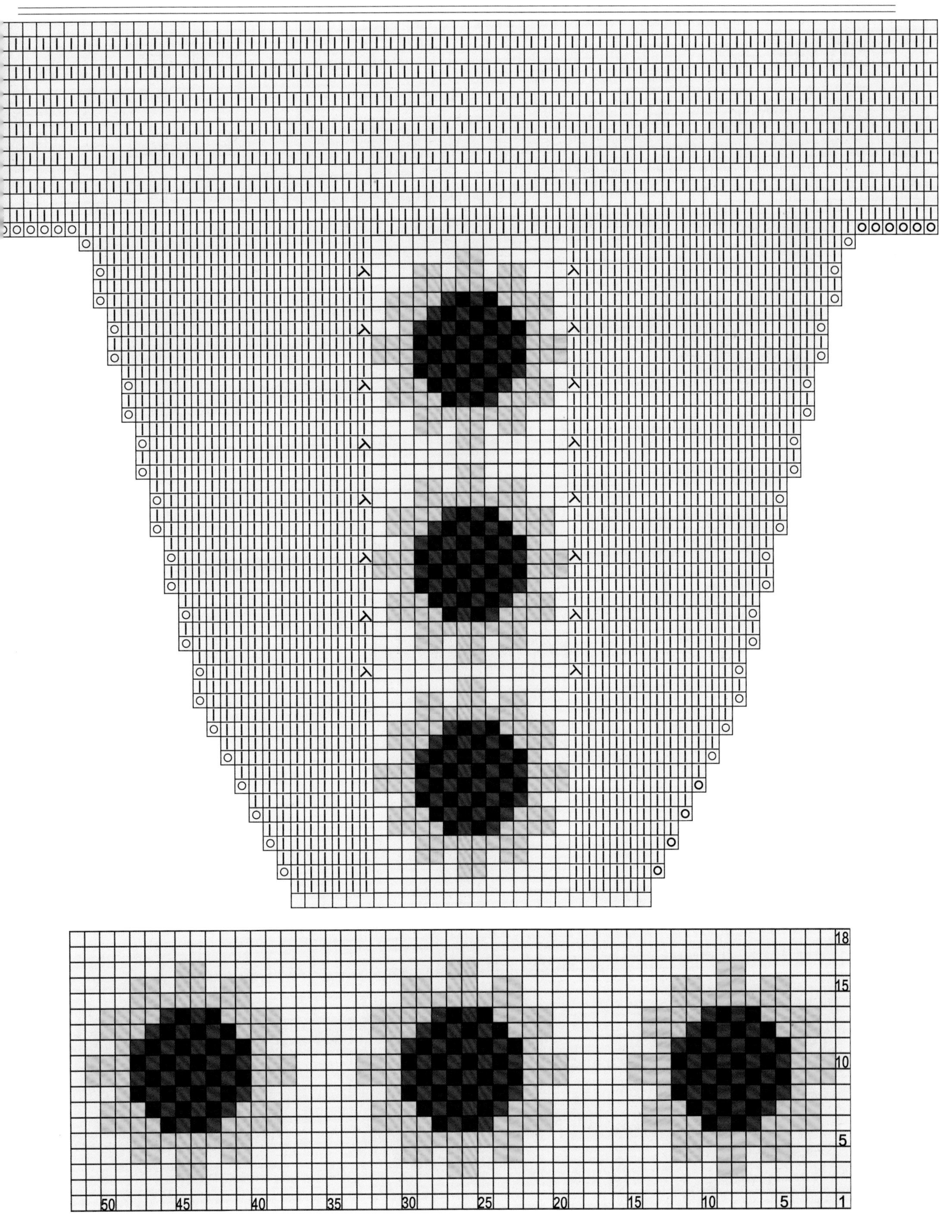

【鞋面鞋尖起织】

以37、38码鞋为例

要点：

1. 正中间14针织麻花花样，两边对称织搓板针。每3个来回扭1次麻花。
2. 每个来回正面两侧边上各加1针。
3. 反面两边要织成辫子状边缘。
4. 收针的方法是每2个来回收1次，收针位置在麻花花样两侧。

注意：以下说明中括号内是14针麻花花样的织法。

起织：起26针。

第1个来回：（见图1~图3）

正面：全部织下针。

反面：第1针挑过不织，全部织上针。

第2个来回：（见图4、图5）

正面：绕线加1针，织6针下针，（4针下针，1针上针，4针下针，1针上针，4针下针），织5针下针，绕线加1针，织1针下针。

反面：第1针挑过不织，6针下针，（4针上针，1针下针，4针上针，1针下针，4针上针），7针下针。

第3个来回：（见图6、图7）

正面：绕线加1针，织7针下针，（4针下针，1针上针，4针下针，1针上针，4针下针），织6针下针，绕线加1针，织1针下针。

反面：第1针挑过不织，7针下针，（4针上针，1针下针，4针上针，1针下针，4针上针），8针下针。

第4个来回（第1次扭麻花）：（见图8、图9）

织完6行后开始扭麻花。

右上2针交叉针：拨2针至麻花针并放在织物前，继续从左棒针上织2针下针，再从麻花针上织2针下针。

正面：绕线加1针，织8针下针，（右上2针交叉针，1针上针，右上2针交叉针，1针上针，右上2针交叉针），织7针下针，绕线加1针，织1针下针。

反面：第1针挑过不织，8针下针，（4针上针，1针下针，4针上针，1针下针，4针上针），9针下针。

第5个来回：

正面：绕线加1针，织9针下针，（4针下针，1针上针，4针下针，1针上针，4针下针），织8针下针，绕线加1针，织1针下针。

反面：第1针挑过不织，9针下针，（4针上针，1针下针，4针上针，1针下针，4针上针），10针下针。

第6个来回：

正面：绕线加1针，织10针下针，（4针下针，1针上针，4针下针，1针上针，4针下针），织9针下针，绕线加1针，织1针下针。

反面：第1针挑过不织，织10针下针，（4针上针，1针下针，4针上针，1针下针，4针上针），11针下针。

第7个来回（第2次扭麻花）：

正面：绕线加1针，织11针下针，（右上2针交叉针，1针下针，左上2针交叉针，1针下针，右上2针交叉针），织10针下针，绕线加1针，织1针。

反面：第1针挑过不织，织11针下针，（4针上针，1针下针，4针上针，1针下针，4针上针），12针下针。

第8个来回：

正面：绕线加1针，织12针下针，（4针下针，1针上针，4针下针，1针上针，4针下针），织11针，绕线加1针，织1针。

反面：第1针挑过不织，织12针下针，（4针上针，1针下针，4针上针，1针下针，4针上针），13针下针。共13+14+13=40针。

第9个来回：

正面：绕线加1针，织11针下针，2针并1针，（右上2针交叉针，1针上针，右上2针交叉针，1针上针，右上2针交叉针），2针并1针，织11针下针，绕线加1针，织1针下针。共40针。

反面：第1针挑过不织，织12针下针，（4针上针，1针下针，4针上针，1针下针，4针上针），13针下针。

扭麻花的位置：第7行，第13行，第19行，第25行，第31行，第37行，第43行。

减针位置：第17行，第21行，第25行，第29行，第33行，第37行，第41行，第45行。

按照上面的方法，每个来回加2针，每2个来回减2针，一直织到第47行，一共56针。（见图10~图15）

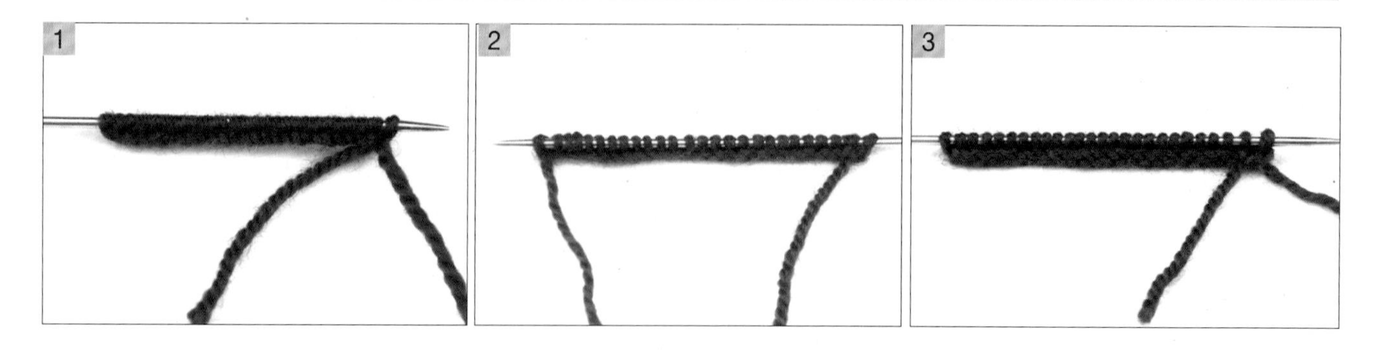

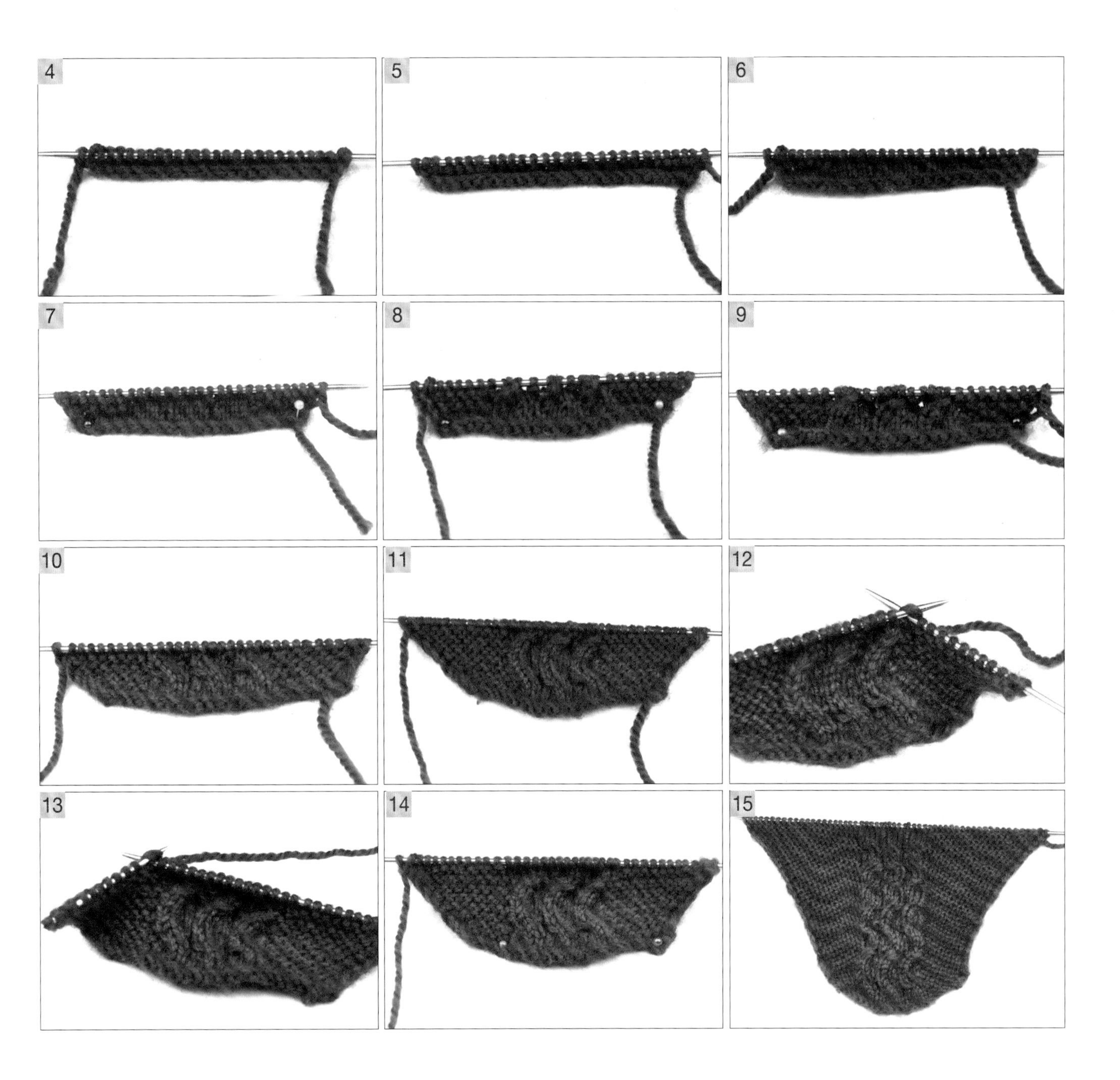

【鞋后跟编织】

以37、38码鞋为

绕线加12针，共68针。织下针，同时分成3等份。圈织。

圈织14圈，全部织下针。收针。完成整个鞋面的编织。（见图16~图18）

俏皮小猪中帮鞋

材料：牛奶棉

橘色线 30g

浅蓝色线 60g

工具：13号棒针

鞋子尺码	起针数	橘色线	浅蓝色线	侧面收针	鞋面总针数	针数分配	鞋口加针	后跟来回数	后跟行数
26、27码	起头12针	织7个来回	织1个来回	4行收1次，共收4次	36针	边上留4针，三角部分留9针，其余针数做鞋口	起头5针	后跟每织6个来回，鞋口回头织1个来回	38行
28、29码	起头12针	织7个来回	织2个来回	4行收1次，共收4次	38针		起头5针		40行
30、31码	起头12针	织7个来回	织3个来回	4行收1次，共收4次	40针		起头5针		42行
32、33码	起头14针	织7个来回	织3个来回	4行收1次，共收4次	42针		起头5针		44行
34、35码	起头14针	织7个来回	织3个来回	4行收1次，共收5次	44针		起头5针		46行
36码	起头14针	织7个来回	织3个来回	4行收1次，共收5次	46针		起头5针		46行
37、38码	起头16针	织7个来回	织3个来回	4行收1次，共收5次	46针	边上留4针，三角部分留9针，其余针数做鞋口	起头8针	后跟每织6个来回，鞋口回头织1个来回	48行
39、40码	起头16针	织7个来回	织3个来回	4行收1次，共收6次	48针		起头8针		50行
41、42码	起头16针	织7个来回	织4个来回	4行收1次，共收6次	50针		起头8针		52行
43、44码	起头16针	织7个来回	织4个来回	4行收1次，共收7次	52针		起头8针		54行
45、46码	起头16针	织7个来回	织4个来回	4行收1次，共收7次	54针		起头8针		56行
47、48码	起头16针	织7个来回	织4个来回	4行收1次，共收7次	56针		起头8针		56行

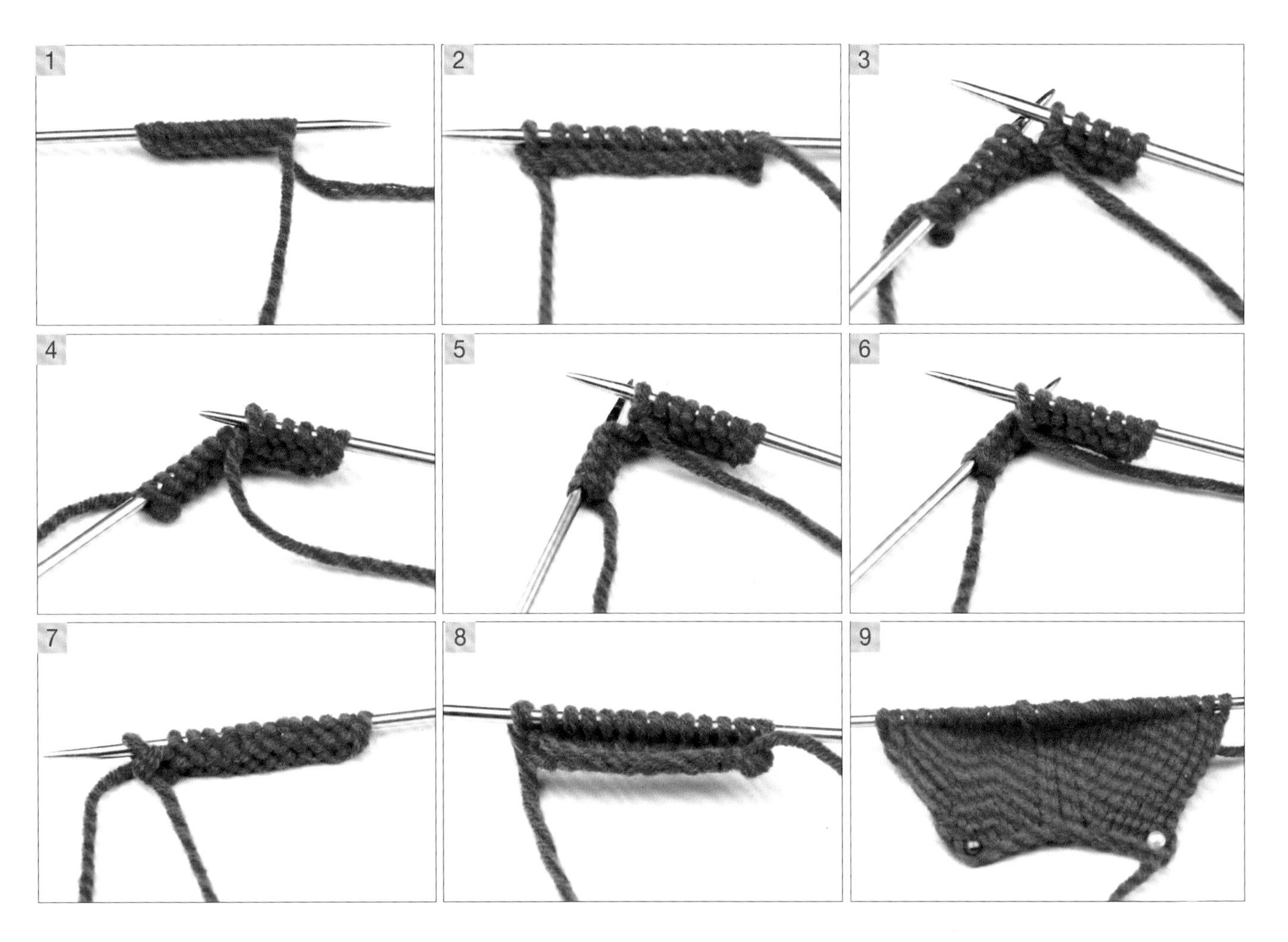

【鞋尖起织】

以26、27码鞋为例

橘色线，起织12针。（见图1）

第1行：全部织下针。（见图2）

第2行：反面，第1针挑过不织，4针上针，加1针，2针上针，加1针，5针上针。共14针。（见图3~图7）

第3行：第1针挑过不织，全部织下针。（见图8）

第4行：反面，第1针挑过不织，5针上针，加1针，2针上针，加1针，6针上针。共16针。

第5行：第1针挑过不织，全部织下针。

第6行：反面，第1针挑过不织，6针上针，加1针，2针上针，加1针，7针上针。共18针。

第7行：第1针挑过不织，全部织下针。

第8行：反面，第1针挑过不织，7针上针，加1针，2针上针，加1针，8针上针。共20针。收针断线。

第9行：正面，第1针挑过不织，全部织下针。（见图9）

第10行：反面，第1针挑过不织，8针上针，加1针，2针上针，加1针，9针上针。共22针。

第11行：正面，第1针挑过不织，全部织下针。

第12行：反面，第1针挑过不织，9针上针，加1针，2针上针，加1针，10针上针。共24针。

第13行：正面，第1针挑过不织，全部织下针。

第14行：反面，第1针挑过不织，10针上针，加1针，2针上针，加1针，11针上针。共26针。

【鞋尖图解】

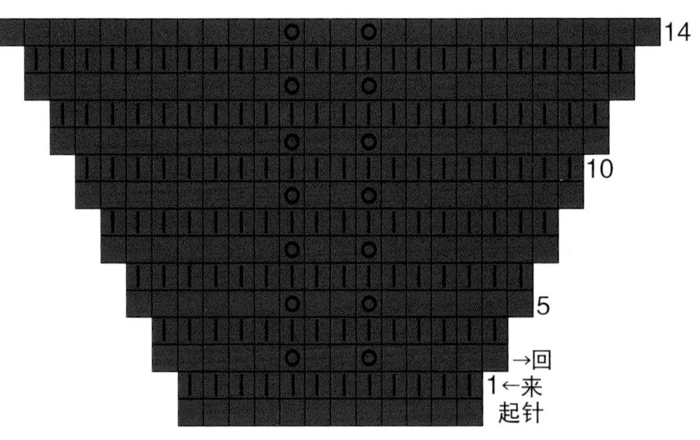

【开始织鞋面】

换成浅蓝色线（见图10~图14）

第15行：正面，第1针挑过不织，全部织下针。

第16行：反面，第1针挑过不织，11针上针，加1针，2针上针，加1针，12针上针。共28针。

开始减针。每4行减1次。

第17行：正面，第1针挑过不织，全部织下针，最后2针并1针。

第18行：反面，2针并1针，11针上针，加1针，2针上针，加1针，12针上针。共28针。

第19行：正面，第1针挑过不织，全部织下针。

第20行：反面，第1针挑过不织，12针上针，加1针，2针上针，加1针，13针上针。共30针。

第21~33行重复即可。

【鞋面图解】

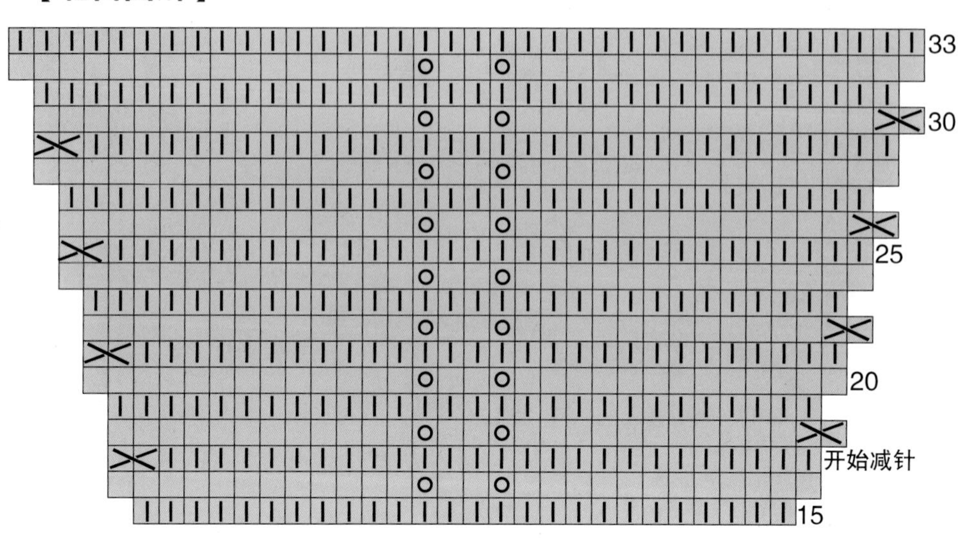

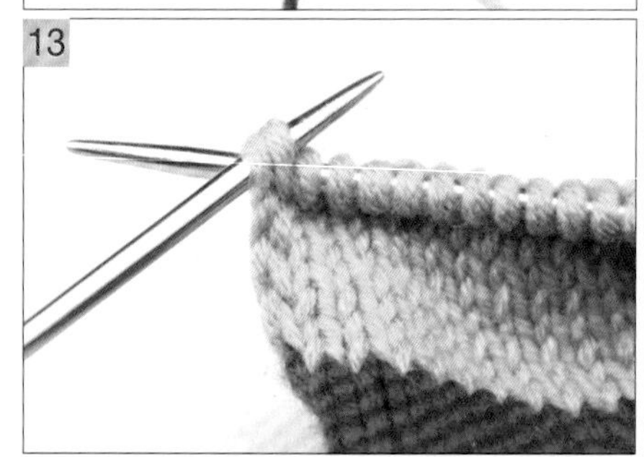

【鞋后跟图解】

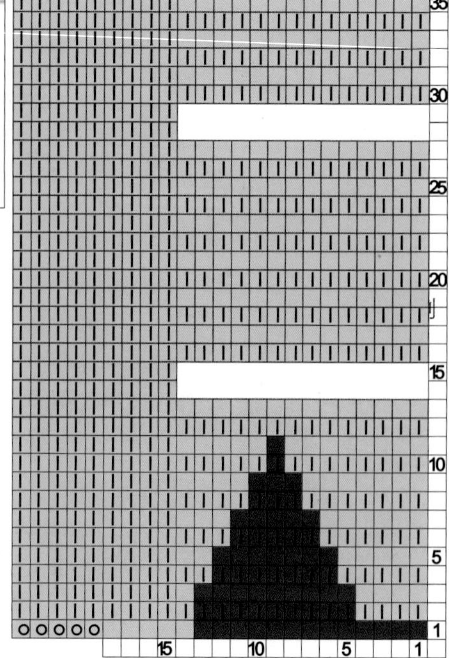

【鞋后跟及鞋口编织】

用橘色线和浅蓝色线（见图15~图32）

第34行：将36针平均分成2份，每边18针。先织左侧片，左侧片加5针，加针地方可以参考图26，共23针。

接下来按照右边图解说明开始织三角形花样。正面织下针，反面开始织9针下针（鞋口边上9针织搓板针），14针上针。一共织16个来回，为了保持平整性，后跟每织6个来回，鞋口边上9针回头织1个来回。这样一共是18个来回。完成鞋后跟的编织。（见图33~图38）

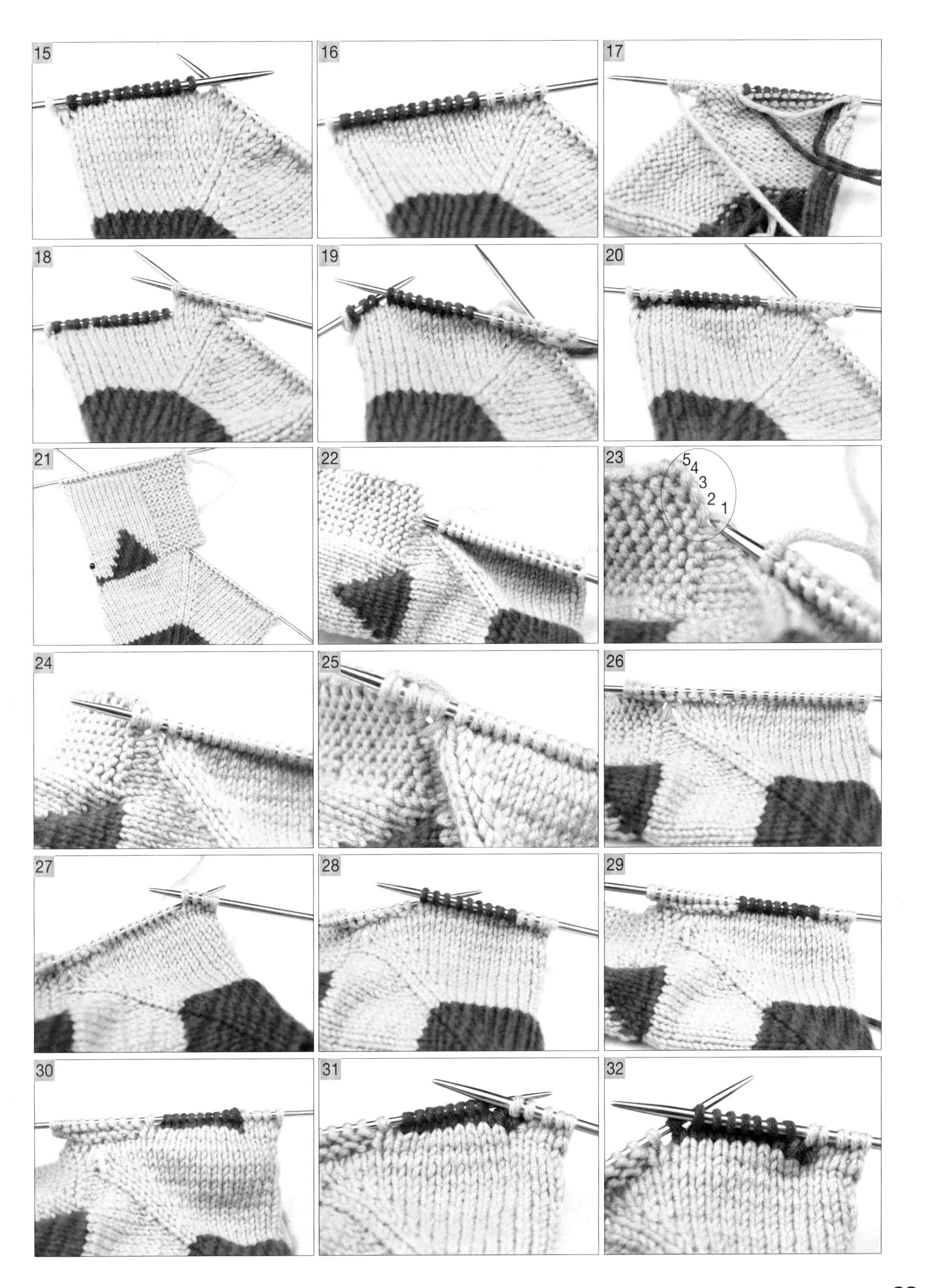
15
16
17
18
19
20
21
22
23
5
4
3
2
1
24
25
26
27
28
29
30
31
32

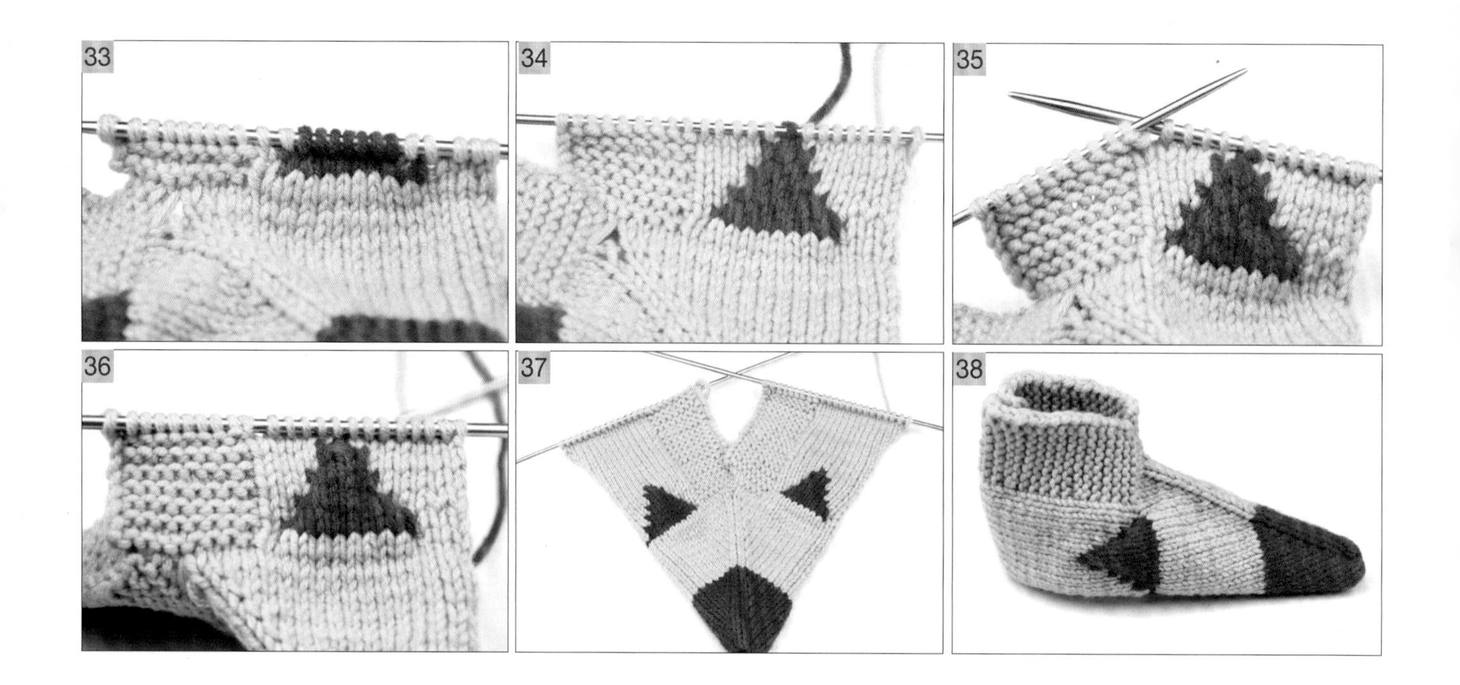

【编织全图解】

以26、27码鞋为例

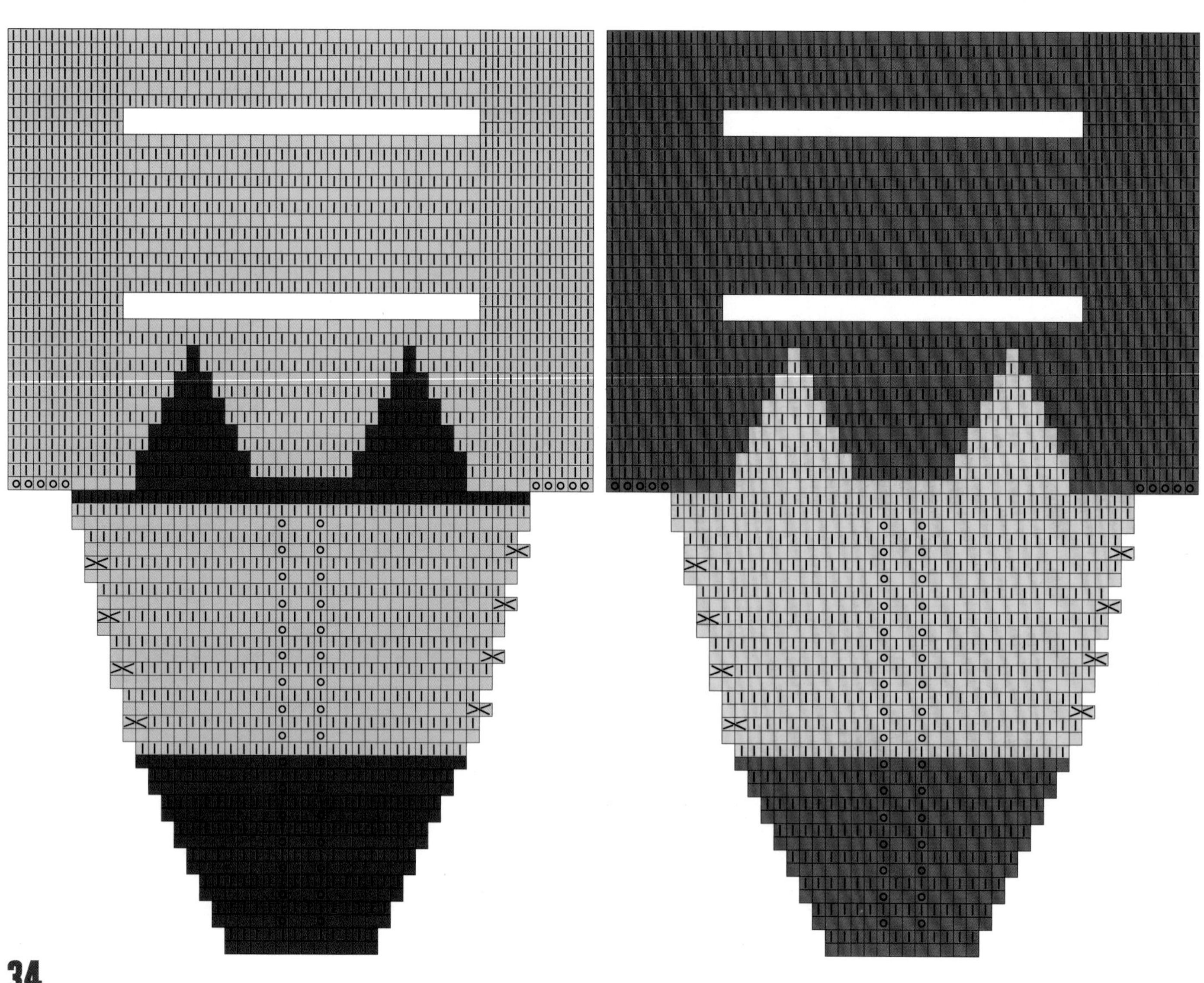

小黄人毛线鞋

材料：牛奶棉

黄色线

蓝色线　30g

黑色线　10g

白色线　10g

工具：13号棒针、2.5mm钩针

鞋子尺码	起针数	加针数	黄色鞋面部分	蓝色鞋面部分	鞋口中间留针数	后跟行数	总针数（包括后跟的针数）	鞋口高度
26、27码	起头19针	33针	15个来回	2个来回	9针	14个来回	54针	13圈
28、29码	起头21针	35针	16个来回	2个来回	9针	15个来回	55针	13圈
30、31码	起头21针	37针	17个来回	2个来回	9针	16个来回	57针	13圈
32、33码	起头23针	39针	18个来回	2个来回	9针	17个来回	59针	13圈
34、35码	起头23针	41针	19个来回	2个来回	9针	18个来回	61针	13圈
36码	起头25针	45针	20个来回	3个来回	11针	19个来回	63针	13圈
37、38码	起头25针	47针	21个来回	3个来回	11针	20个来回	65针	13圈
39、40码	起头25针	49针	22个来回	3个来回	11针	21个来回	67针	13圈
41、42码	起头27针	51针	23个来回	3个来回	11针	22个来回	69针	13圈
43、44码	起头27针	53针	24个来回	3个来回	11针	23个来回	71针	14圈
45、46码	起头27针	55针	25个来回	3个来回	11针	24个来回	73针	14圈
47、48码	起头27针	57针	26个来回	3个来回	11针	25个来回	75针	14圈

【鞋后跟起织】

以33码鞋为例

用黄色线按照编织说明起针23针。

要点：

1. 第3行开始加针。加针方法：每2个来回加1次。加针位置是正面，首尾各加1针，一直加到总针数为39针。

2. 第3行开始织假元宝图案。

3. 第1针不织，保持辫子针边缘。

假元宝织法：正面织单罗纹，反面全部织上针。

第1个来回：（见图2、图3）

正面：全部织下针。

反面：全部织上针。

第2个来回：（见图4、图5）

正面：织1针下针，加1针，接下来织单罗纹，最后剩下1针，加1针，织1针下针。共25针。

反面：全部织上针。

第3个来回：（见图6、图7）

正面：织1针下针，1针上针，接下来织单罗纹，最后剩下的1针织下针。

反面：全部织上针。

第4个来回：（见图8、图9）

正面：织1针下针，加1针，接下来织单罗纹，最后剩下1针，加1针，织1针下针。共27针。

反面：全部织上针。

第5个来回：

正面：织1针下针，接下来织单罗纹，最后剩下的一针织下针。

反面：全部织上针。

第6个来回：

正面：织1针下针，加1针，接下来织单罗纹，最后剩下1针，加1针，织1针下针。共29针。

反面：全部织上针。

重复上面的动作，每2个来回加1次针，织假元宝图案。按照全图解一直加到39针。共完成了17个来回。（见图10）

将黄色线断线，换成蓝色线。（见图11）

继续不加针不减针织2个来回的假元宝针。

鞋面完成，共19个来回。织完共39针。

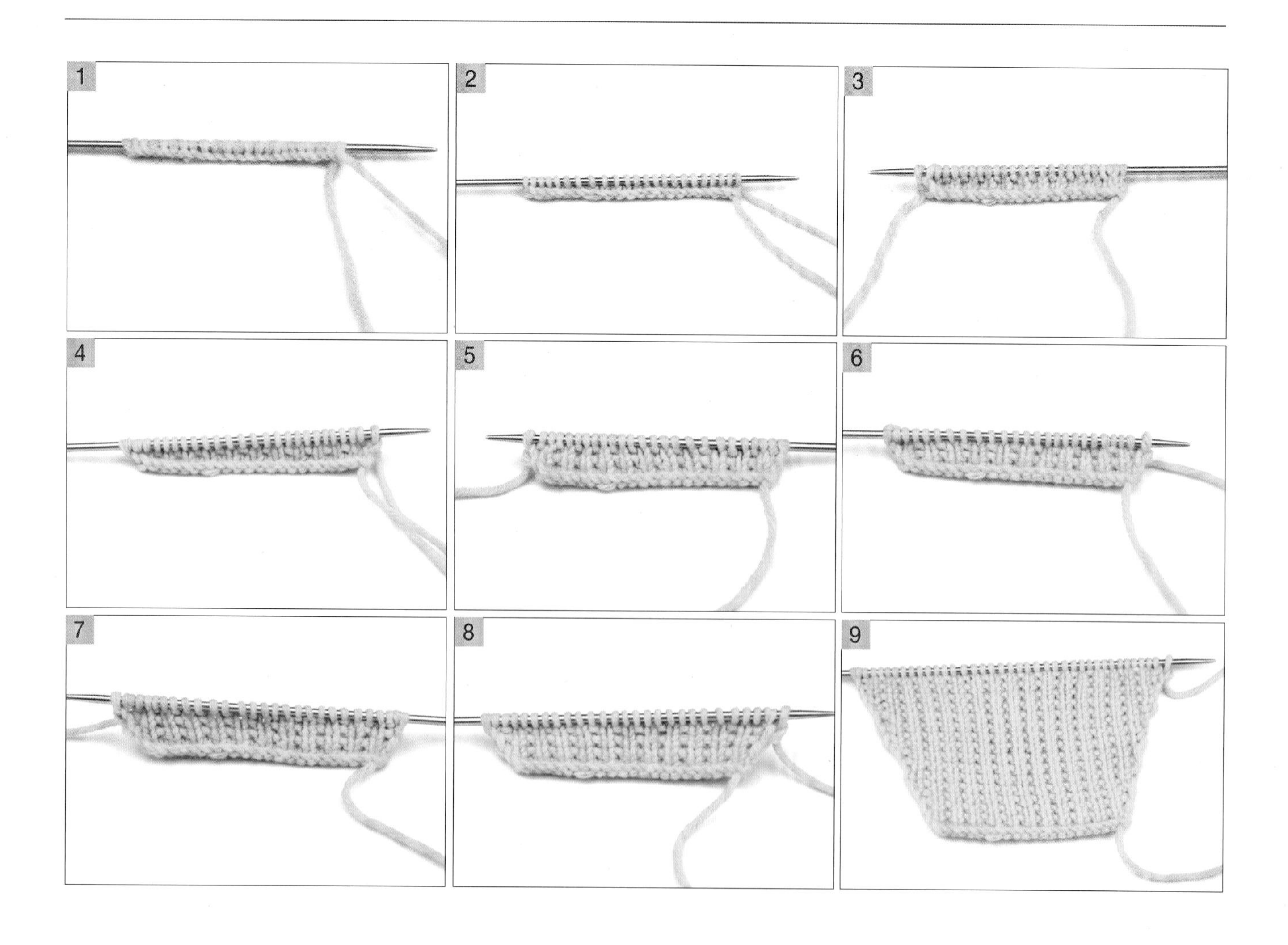

10

【鞋后跟】

以33码鞋为例

将39针分成3等份，鞋口处留9针，将鞋后跟两边平分各15针。鞋后跟两边各织17个来回的假元宝针。（见图12~图14）

然后挑织鞋后跟正中间边缘的辫子针以及鞋口的9针，进行圈织。全部织下针，共织13圈。（见图15~图18）

鞋后跟完成。

11

12

13

14

15

16

17

【鞋子缝合】

以33码鞋为例

准备开始缝合

将两块海绵片重合在一起，用缝衣针将两块海绵片缝合在一起，接着将鞋垫、鞋后跟也缝合好。见图19。将织片翻至反面，将织片鞋底边紧密地缝合在鞋底上。见图20和图21。再将鞋底缝合在一起，最后将鞋面翻至正面，鞋子基本就缝合好了。最后缝合鞋筒。鞋子完成，如图22。

18

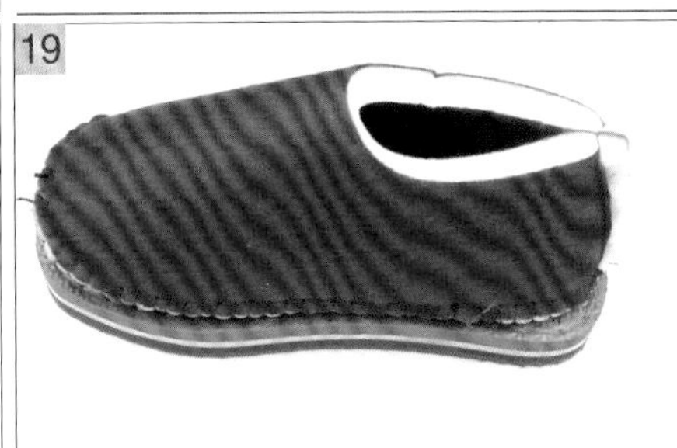
19

20

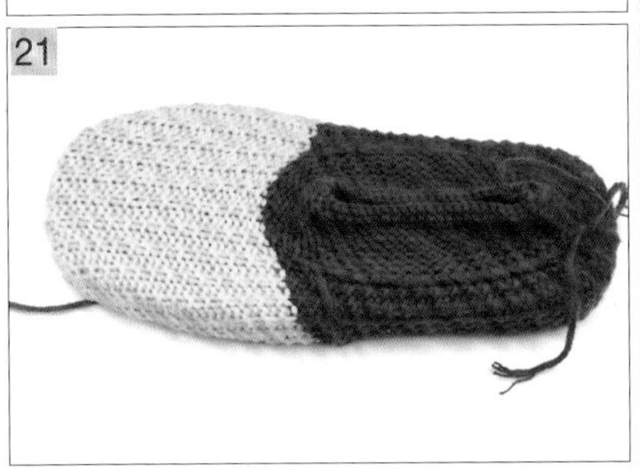
21

22

【眼睛】

以33码鞋为例

用2.5mm钩针

第1圈：先用黑色线钩4针辫子针，再将针插入第1针辫子针中，形成一个圈。

第2圈：每个针眼中钩2针短针，引拔，第2圈完成，共8针。（见图23）

第3圈：换白色线，先钩3针锁针做起立针，在下一个针圈中钩2针长针，然后在接下来的针眼中（依照1针长针，1针里钩2针长针方式）钩完第3圈。共12针。（见图24~图27）

第4圈：换黑色线，先钩3针锁针做起立针，在下一个针圈中钩2针长针，然后接下来的针眼中（依照1针长针，1针里钩2针长针方式）钩完第4圈。共18针。引拔断线，眼睛完成。（见图28~图31）

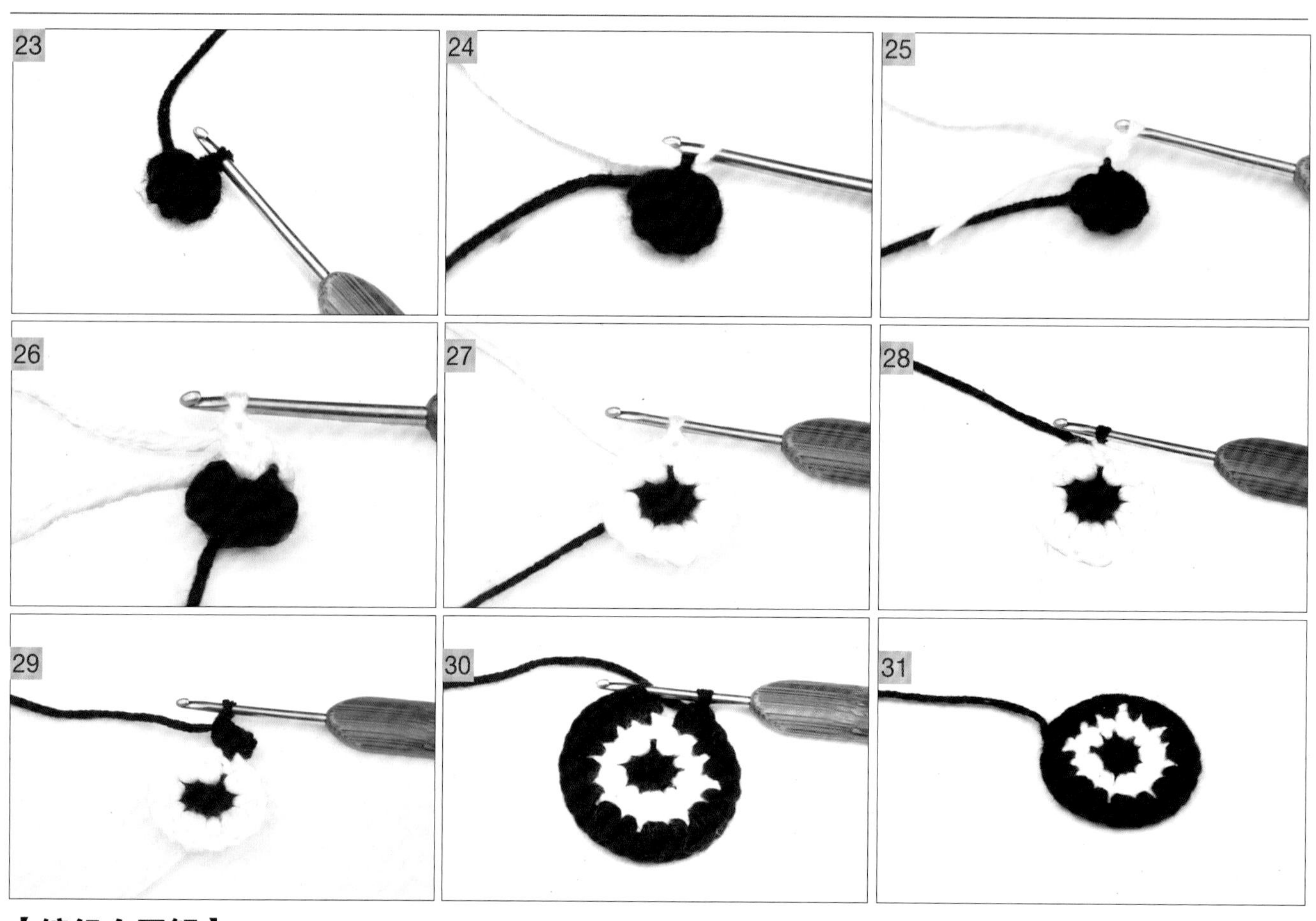

【编织全图解】

以33码鞋为例

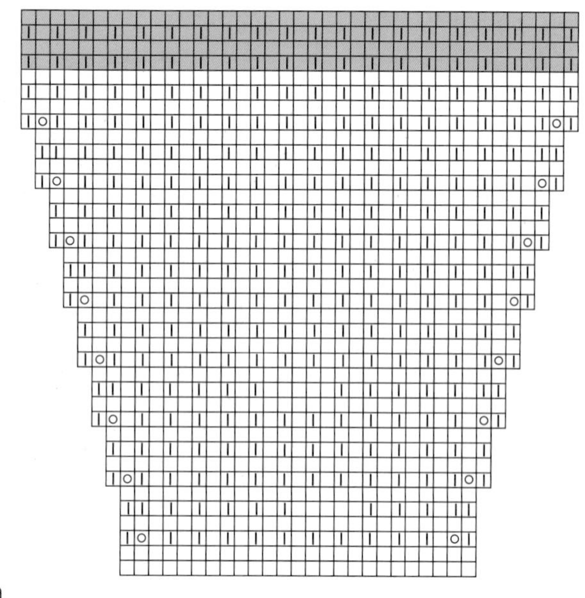

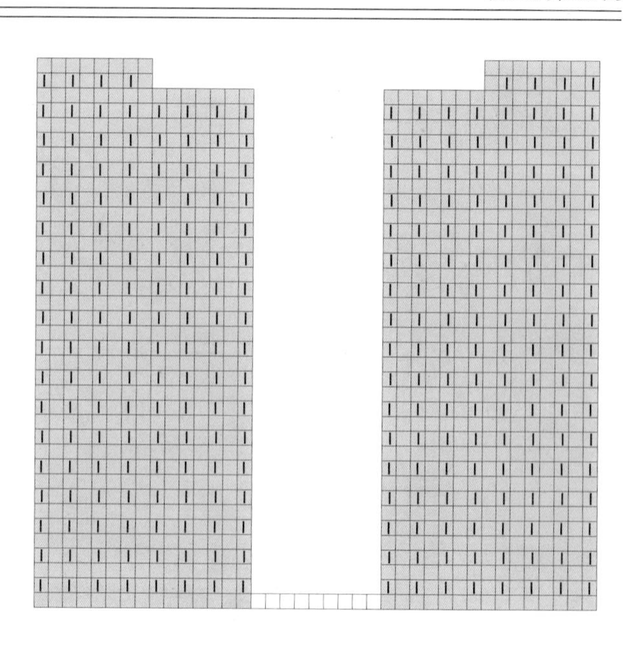

传统高帮棉鞋

鞋子尺码	起头针数	加针数	后跟编织行数	头尾丢针数	花样行数
24、25码	起头24针织	加16次针	16个来回	6针	15行
26、27码	起头26针织	加17次针	17个来回	6针	16行
28、29码	起头28针织	加18次针	18个来回	6针	16行
30、31码	起头30针织	加19次针	19个来回	6针	18行
32、33码	起头32针织	加20次针	20个来回	6针	18行
34、35码	起头34针织	加22次针	22个来回	8针	18行
36、37码	起头36针织	加24次针	24个来回	10针	20行
38、39码	起头38针织	加24次针	25个来回	10针	20行
40、41码	起头40针织	加26次针	27个来回	10针	22行
42、43码	起头42针织	加28次针	28个来回	12针	22行
44、45码	起头44针织	加29次针	29个来回	12针	24行
46、47码	起头46针织	加30次针	30个来回	12针	24行

【编织全图解】

以40码鞋为例

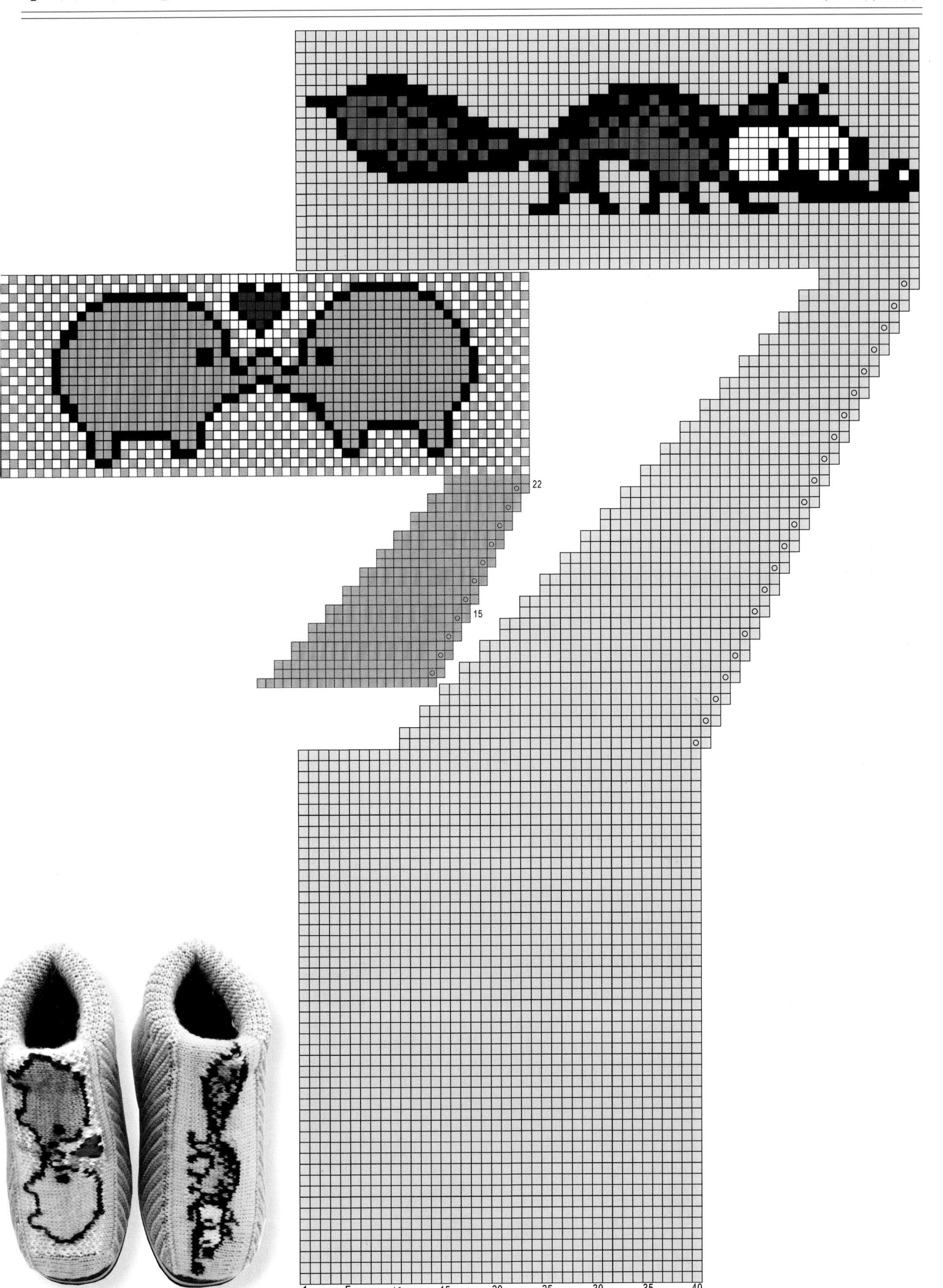

传统格子花样

001 花样总长43针，宽20行

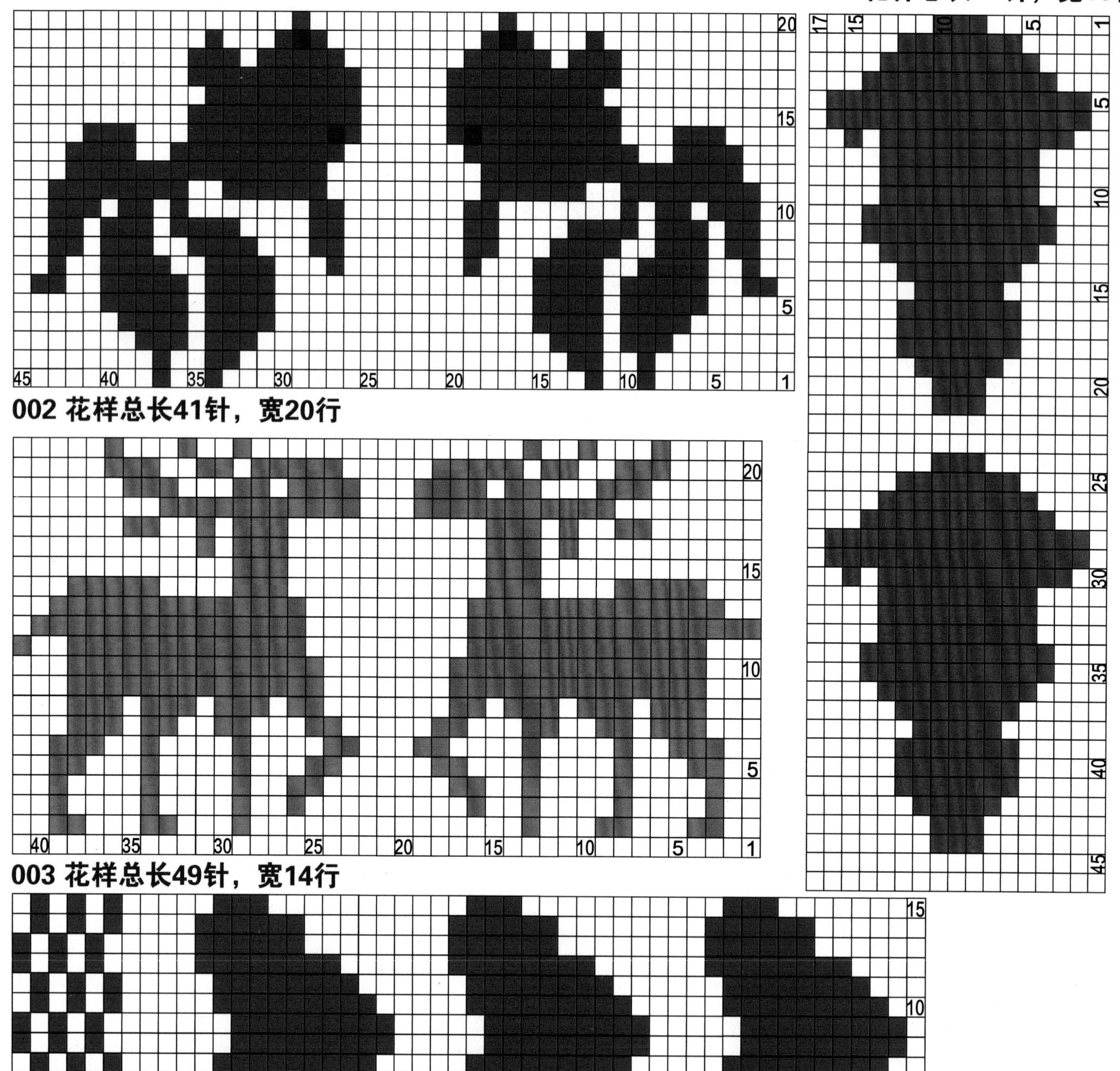

002 花样总长41针，宽20行

003 花样总长49针，宽14行

005 花样总长44针，宽15行

004 花样总长59针，宽14行

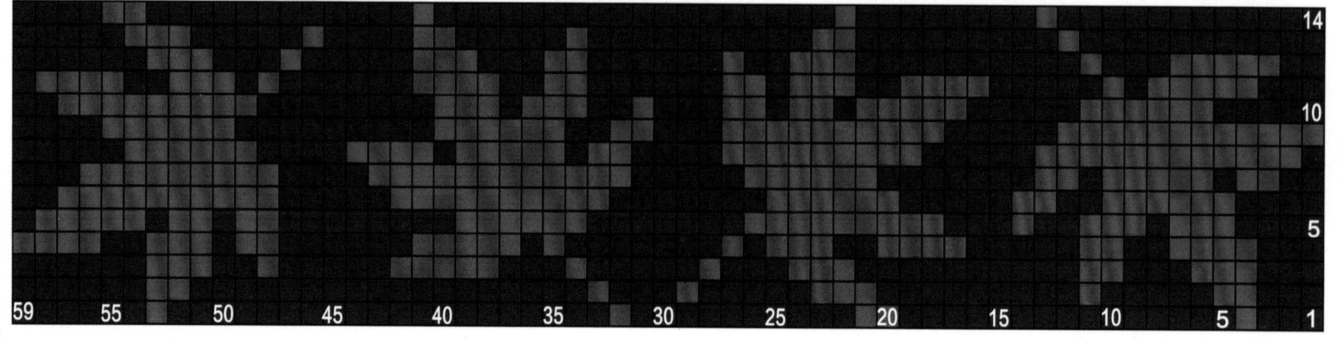

006 花样总长52针，宽16行

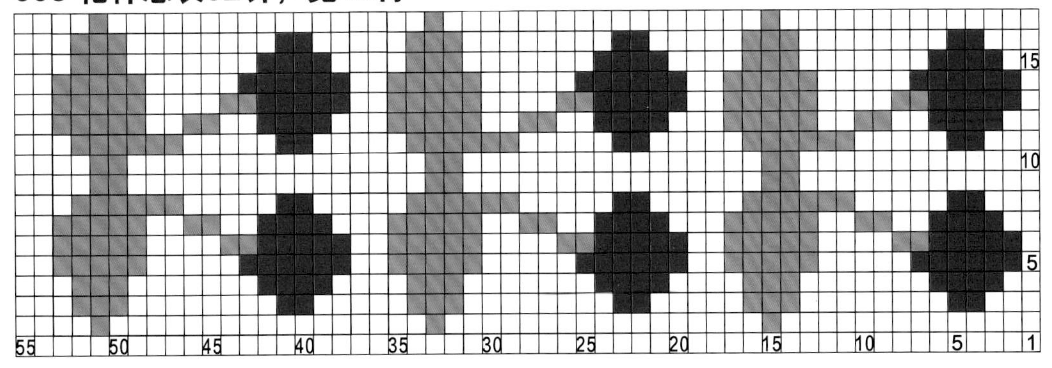

007 花样总长52针，宽17行

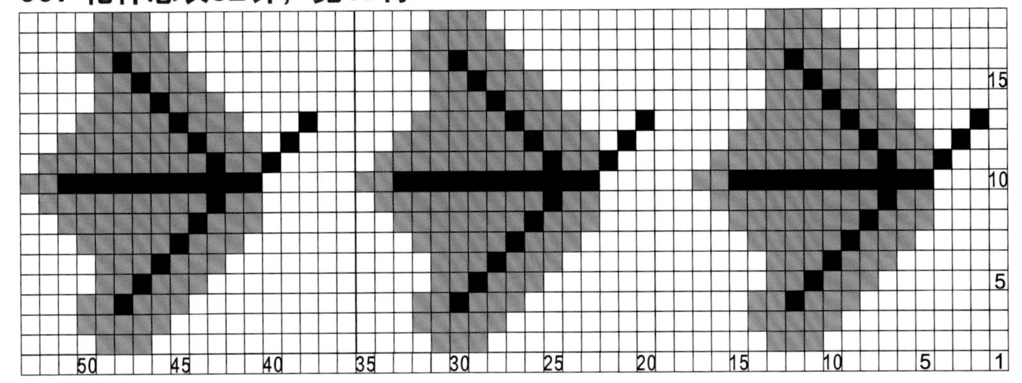

008 花样总长47针，宽14行

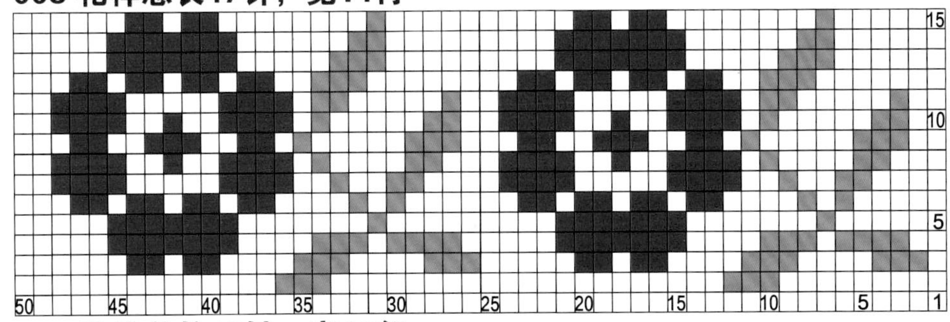

009 花样总长48针，宽13行

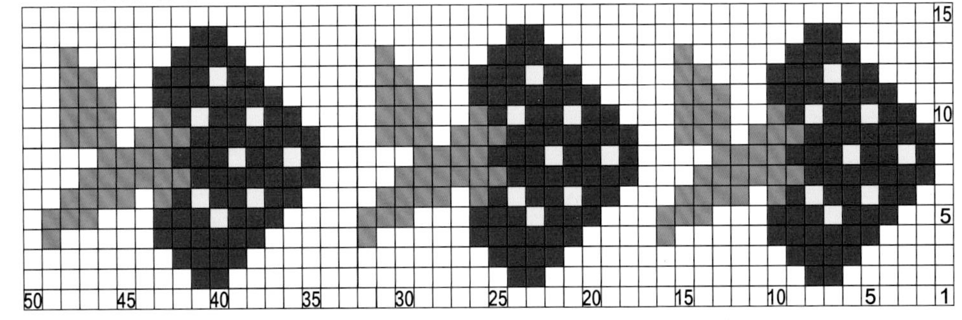

010 花样总长53针，宽16行

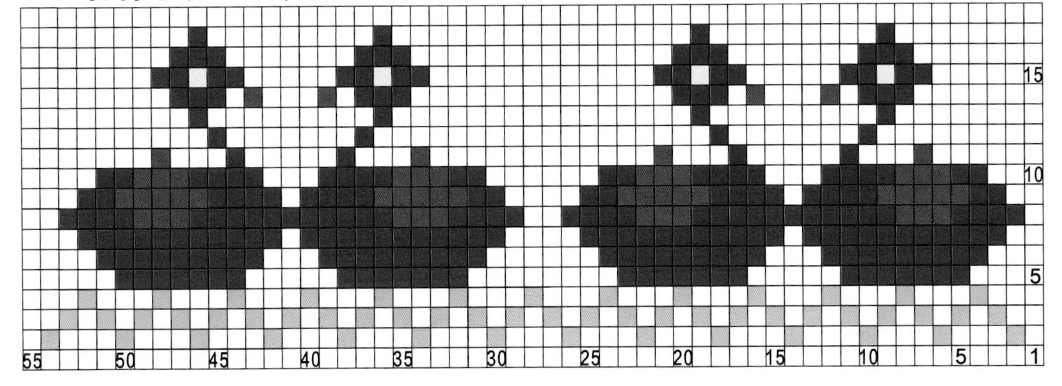

011 花样总长55针，宽19行

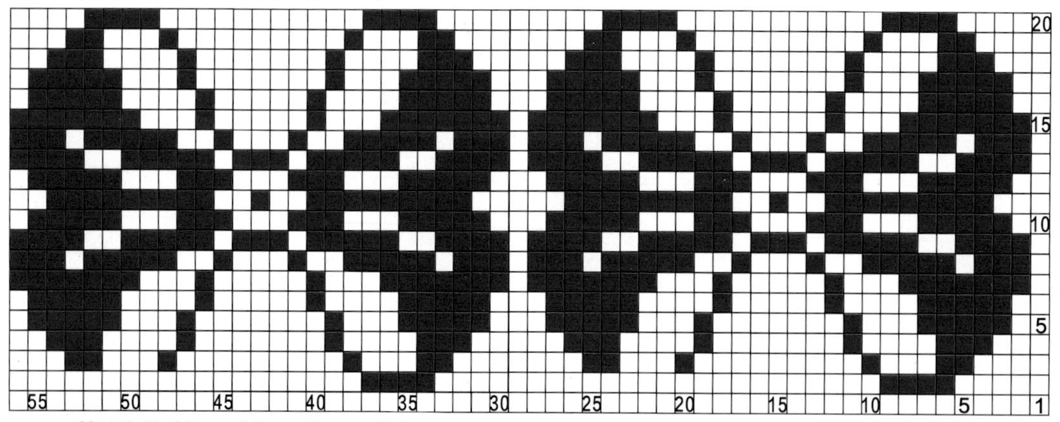

012 花样总长52针，宽19行

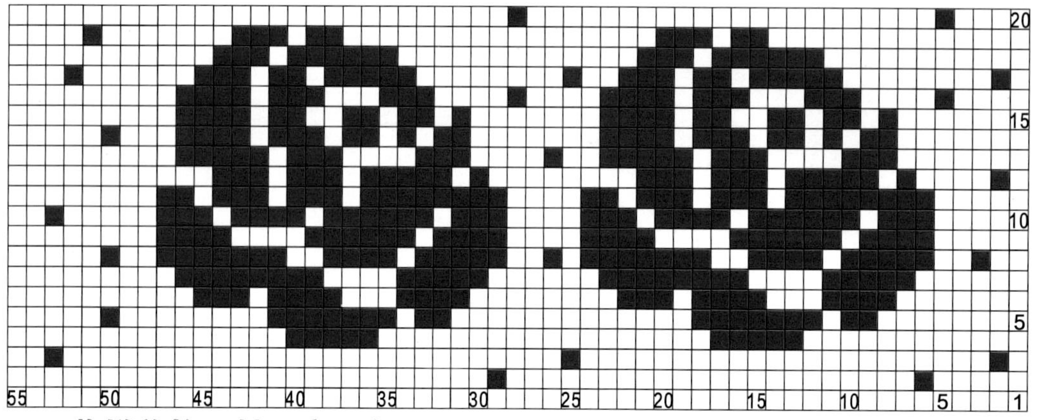

013 花样总长50针，宽19行

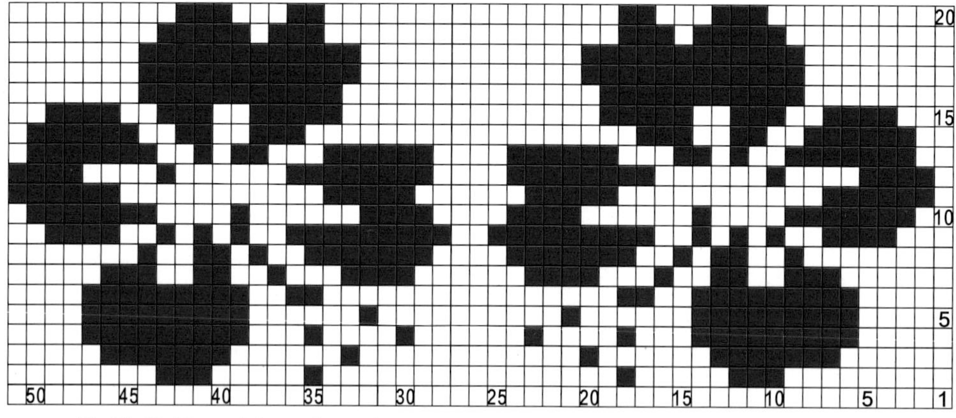

014 花样总长39针，宽19行

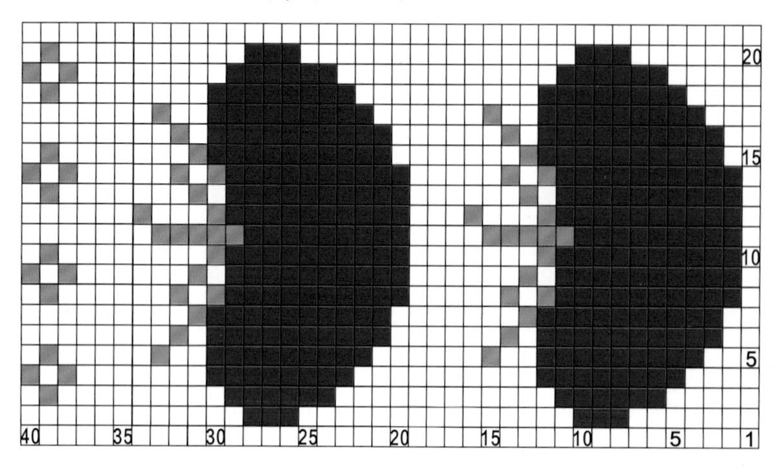

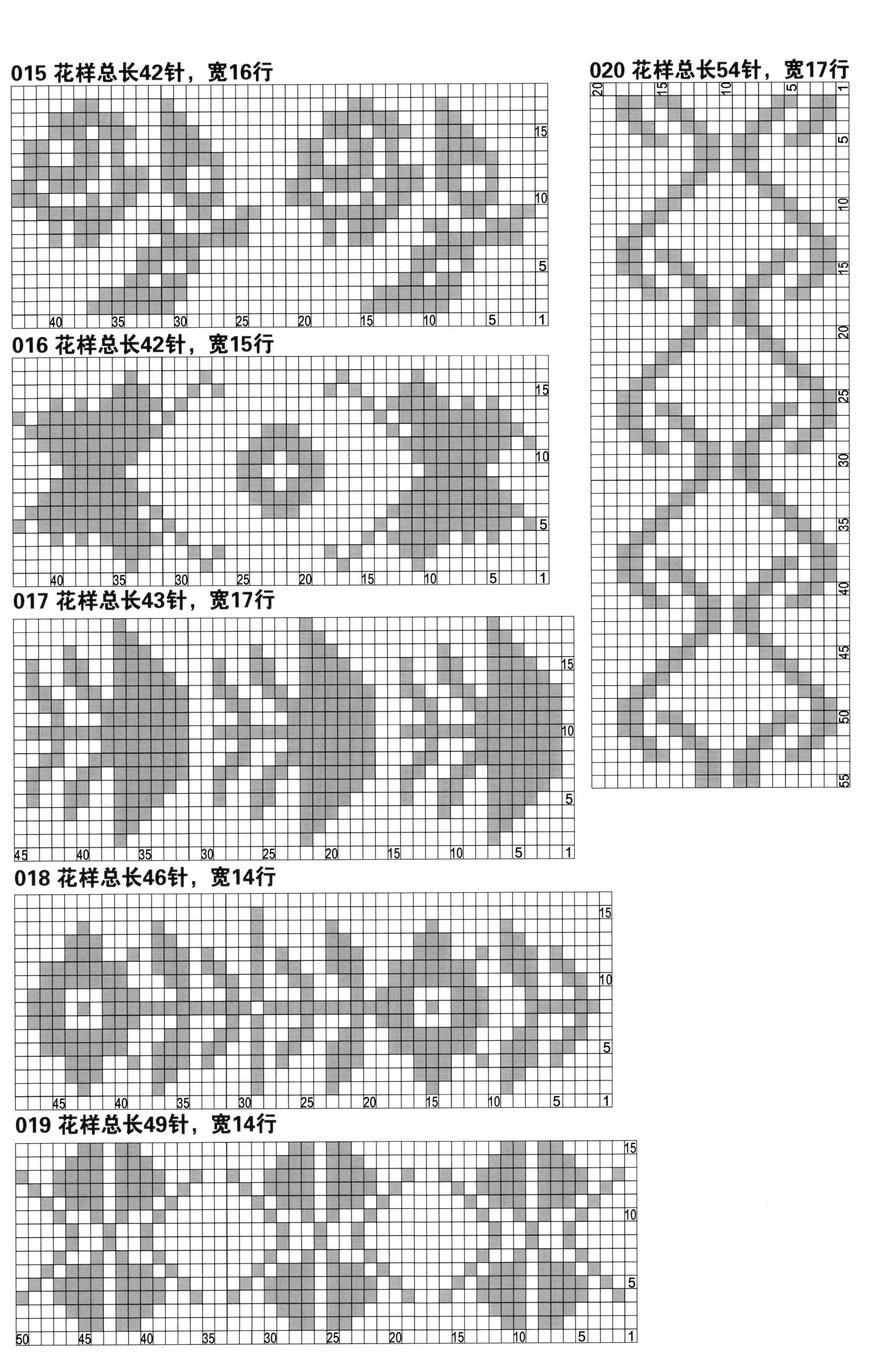
015 花样总长42针，宽16行
016 花样总长42针，宽15行
017 花样总长43针，宽17行
018 花样总长46针，宽14行
019 花样总长49针，宽14行
020 花样总长54针，宽17行

021 花样总长49针，宽13行

022 花样总长48针，宽18行

023 花样总长46针，宽16行

024 花样总长44针，宽15行

025 花样总长41针，宽14行

026 花样总长56针，宽16行

027 花样总长54针，宽22行

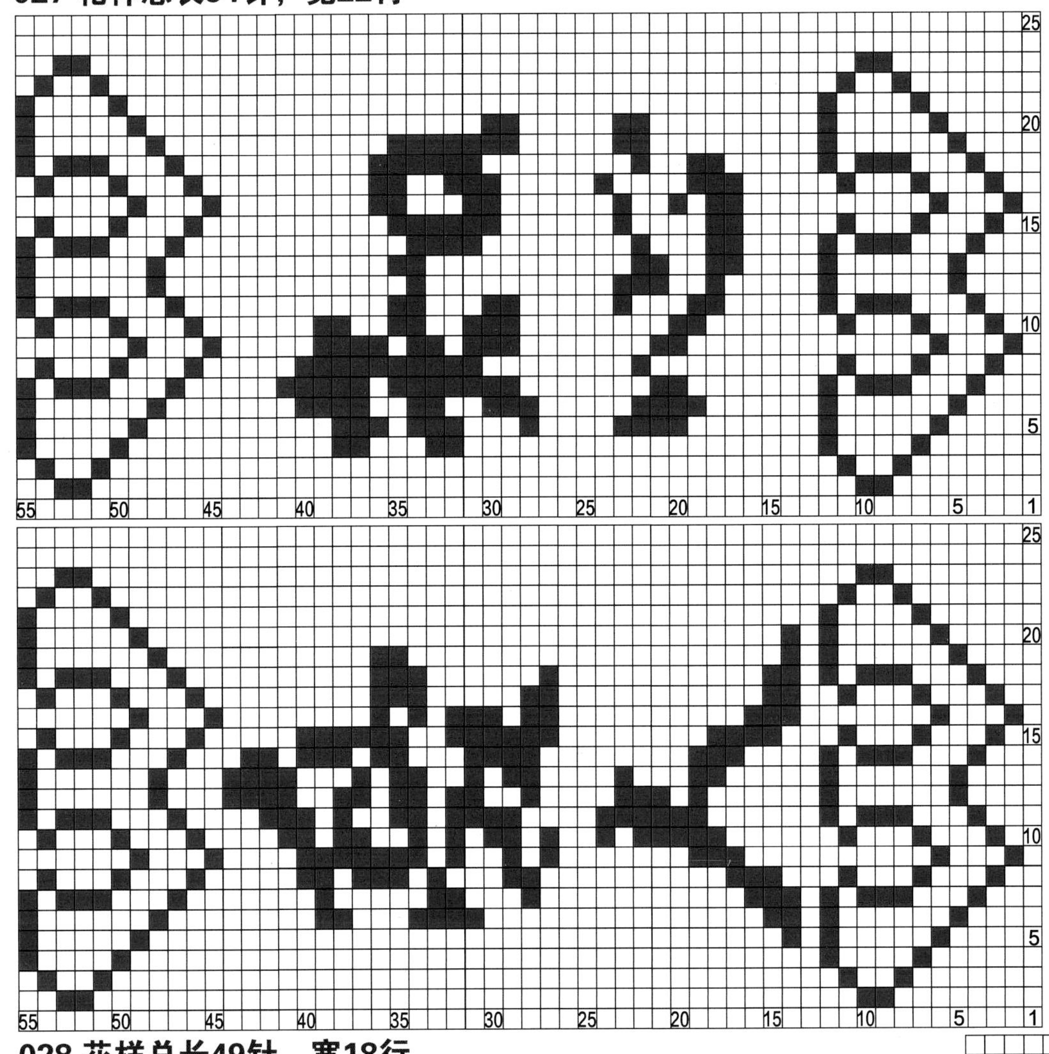

028 花样总长49针，宽18行

029 花样总长43针，宽19行

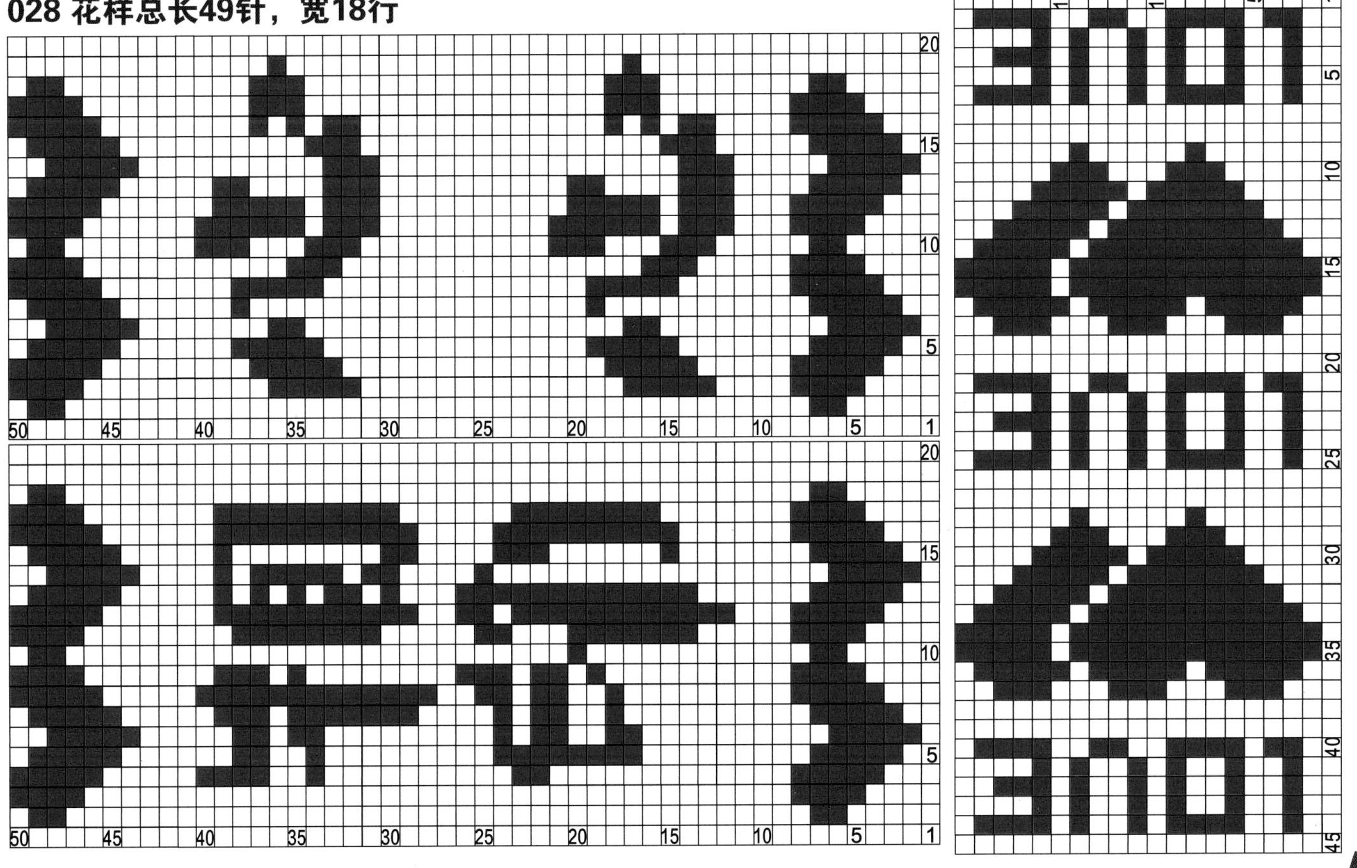

030 花样总长49针，宽17行

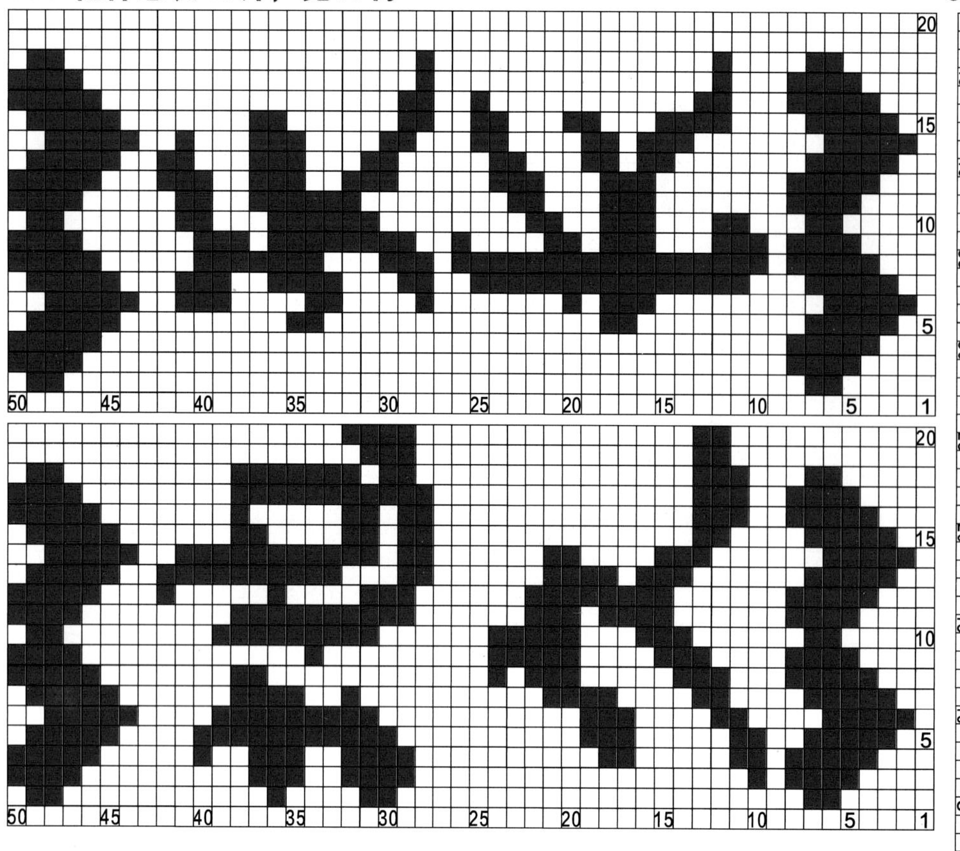

031 花样总长47针，宽21行

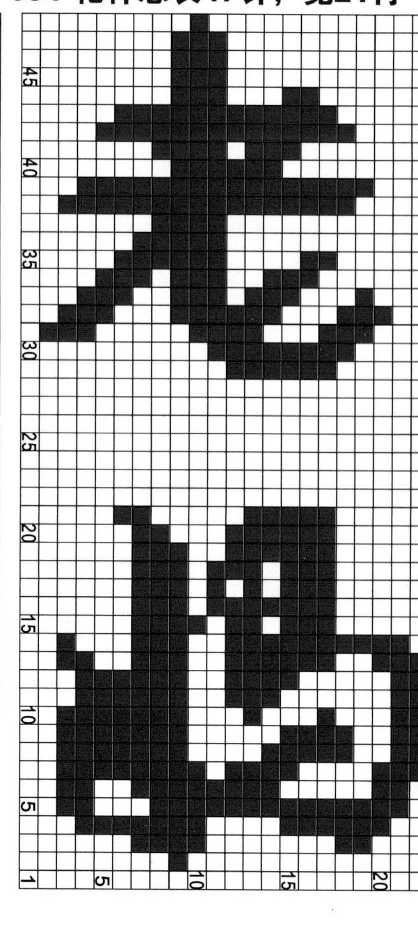

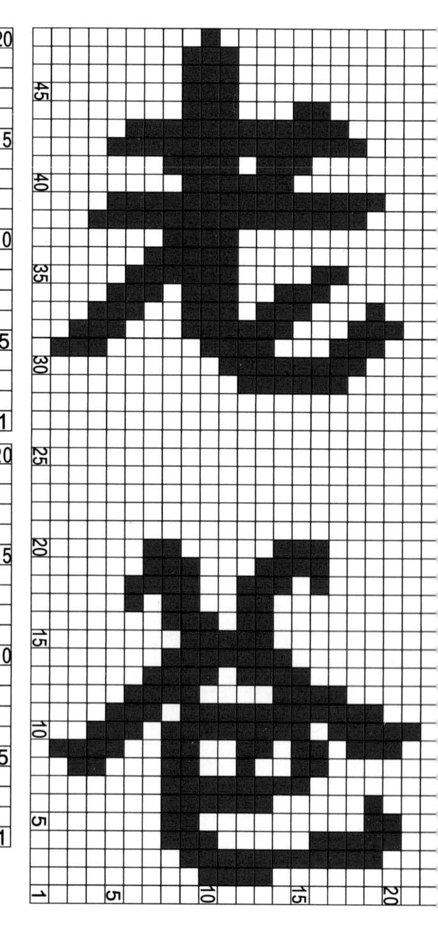

032 花样总长46针，宽19行

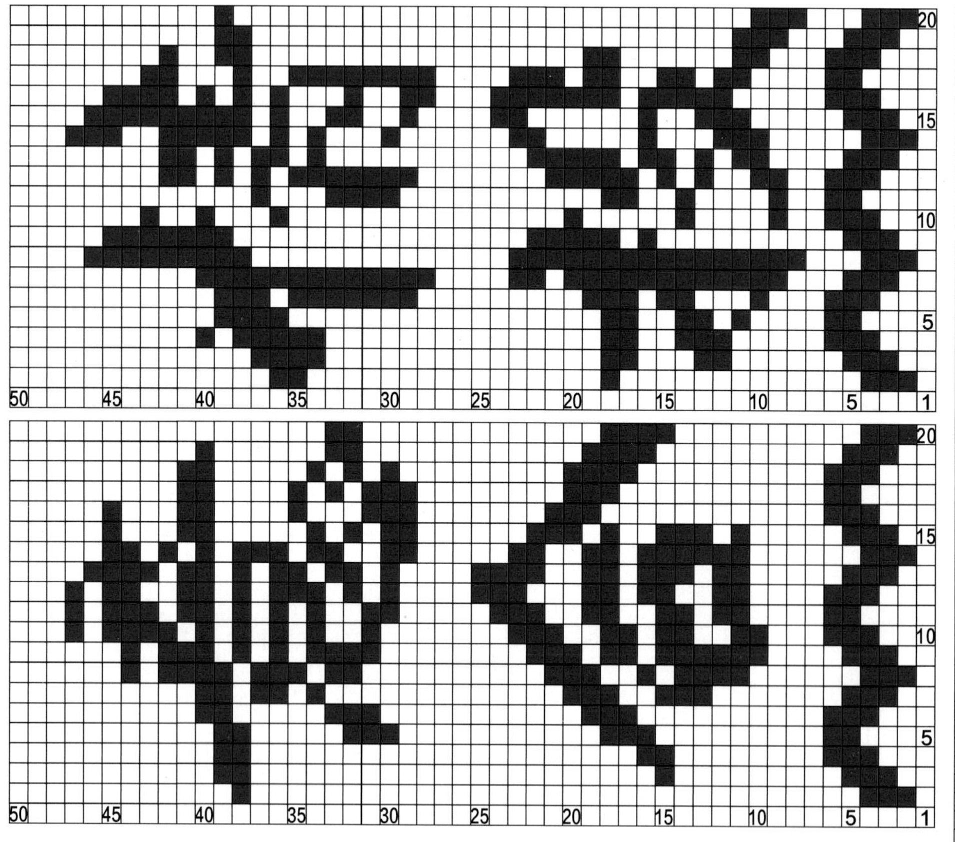

033 花样总长49针，宽17行

035 花样总长39针，宽13行

034 花样总长49针，宽17行

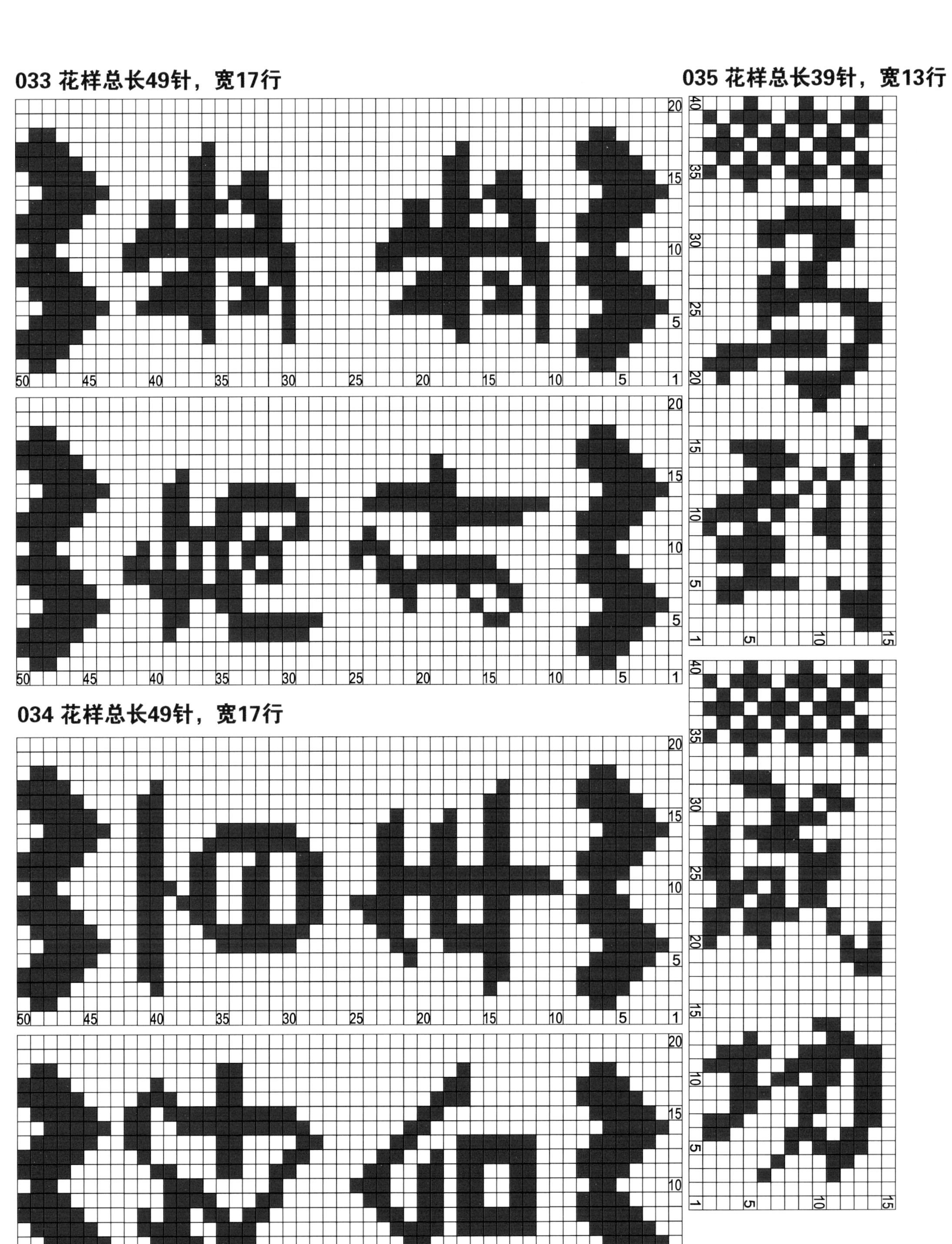

036 花样总长51针，宽21行

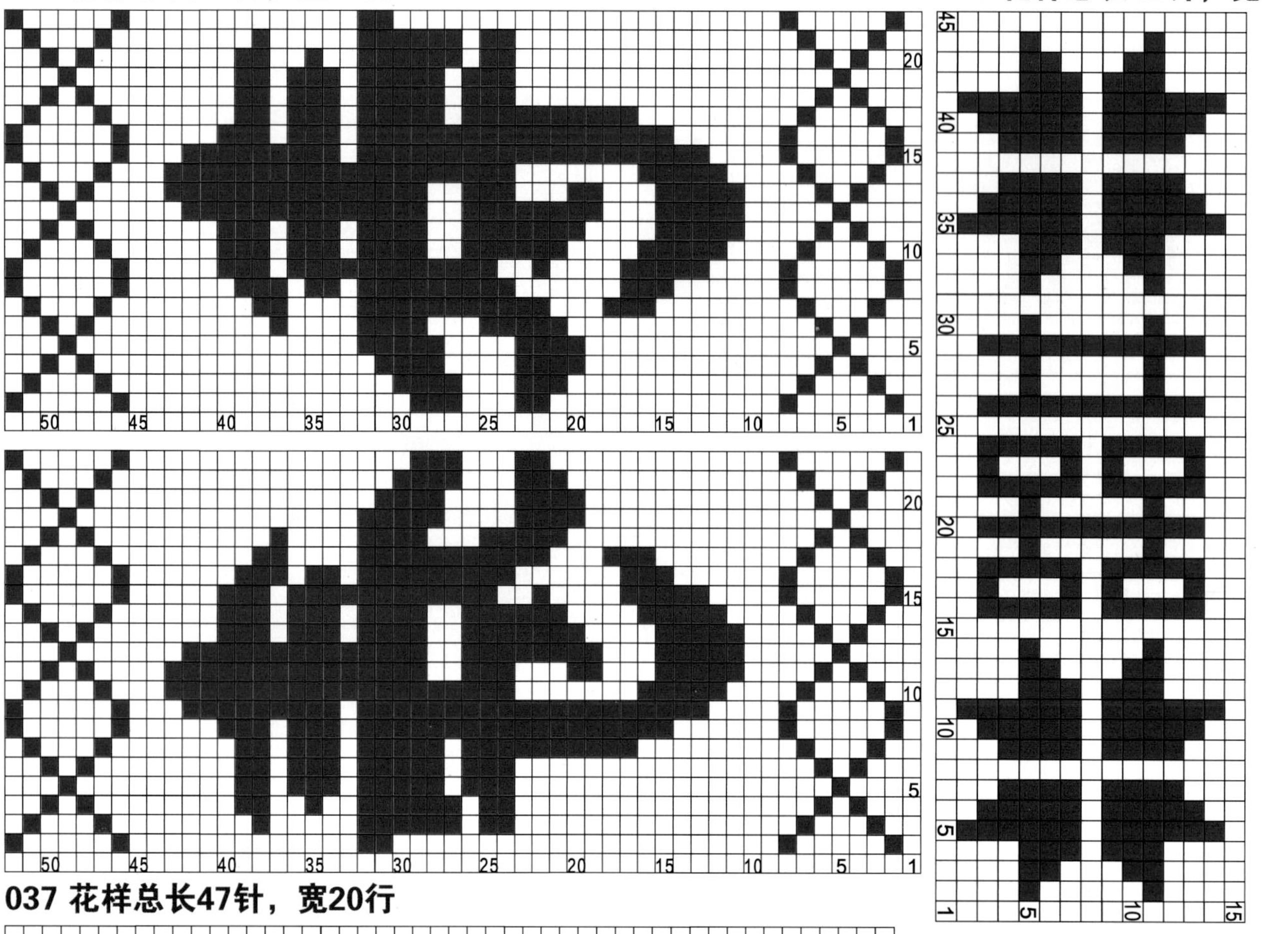

038 花样总长43针，宽13行

037 花样总长47针，宽20行

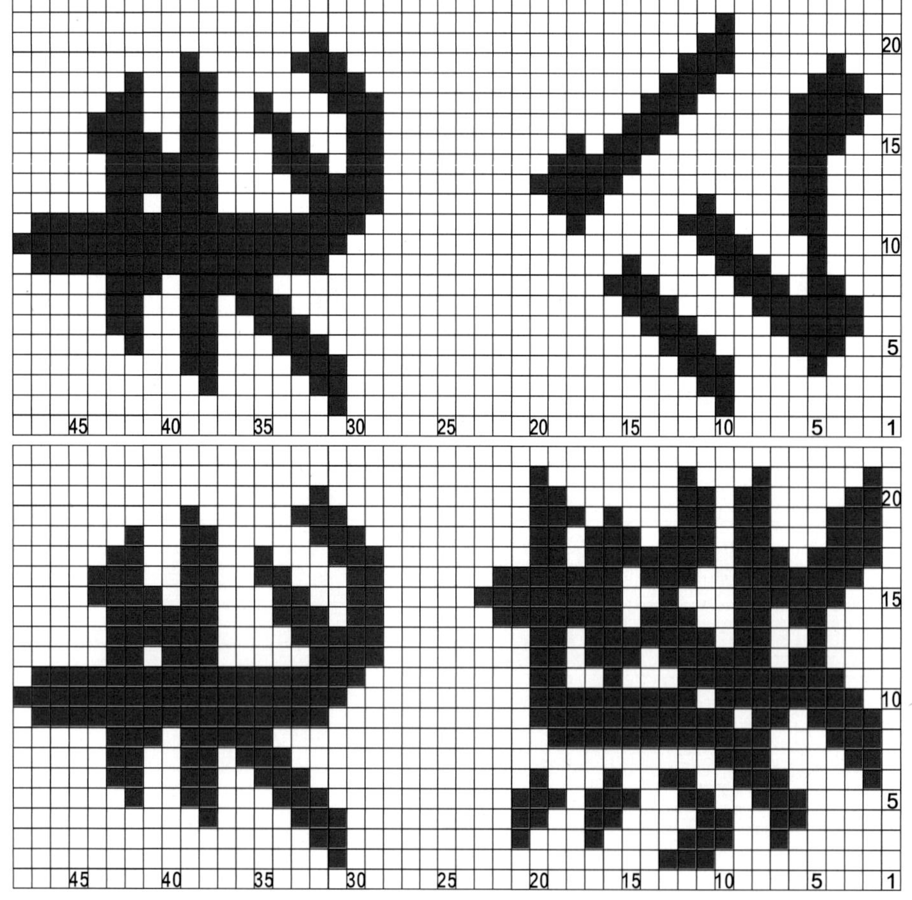

039 花样总长35针，宽14行

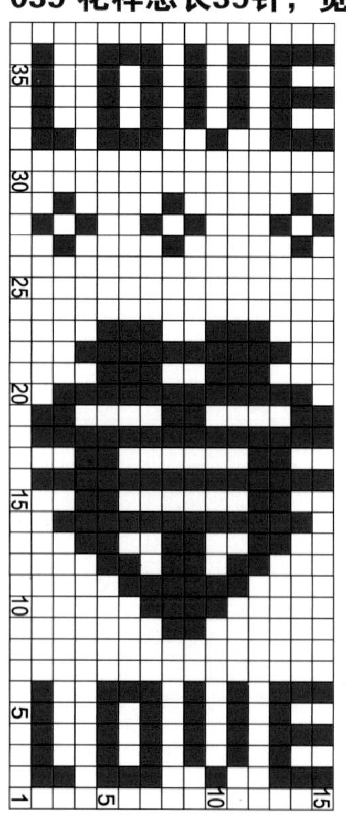

040 花样总长48针，宽19行

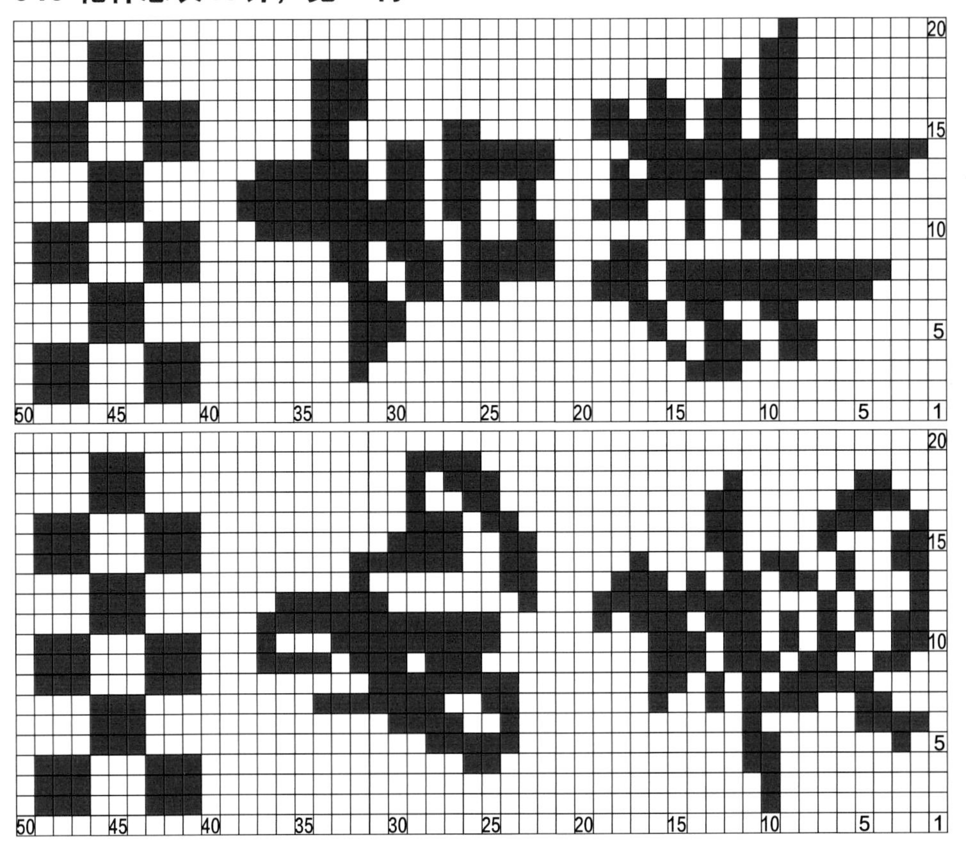

042 花样总长41针，宽15行

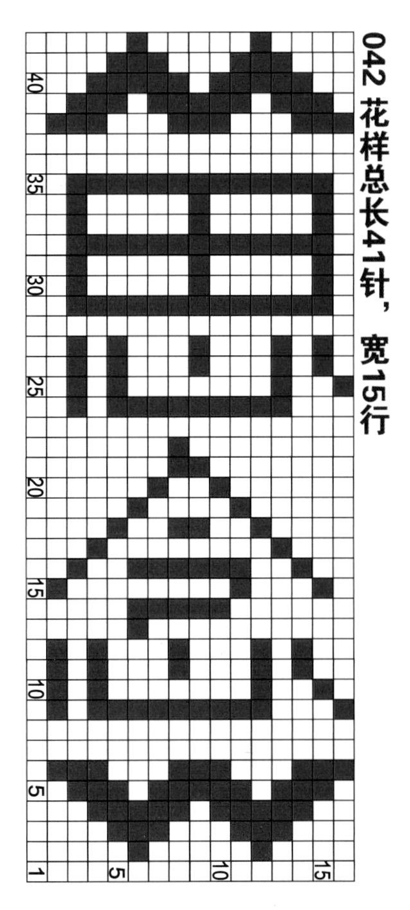

041 花样总长49针，宽17行

043 花样总长39针，宽19行

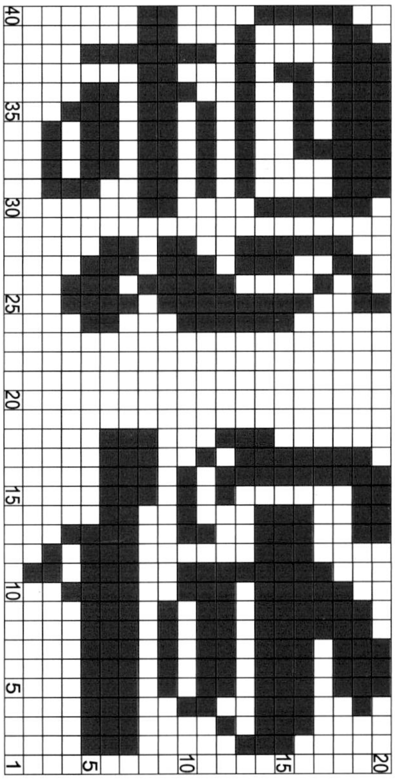

044 花样总长39针，宽21行

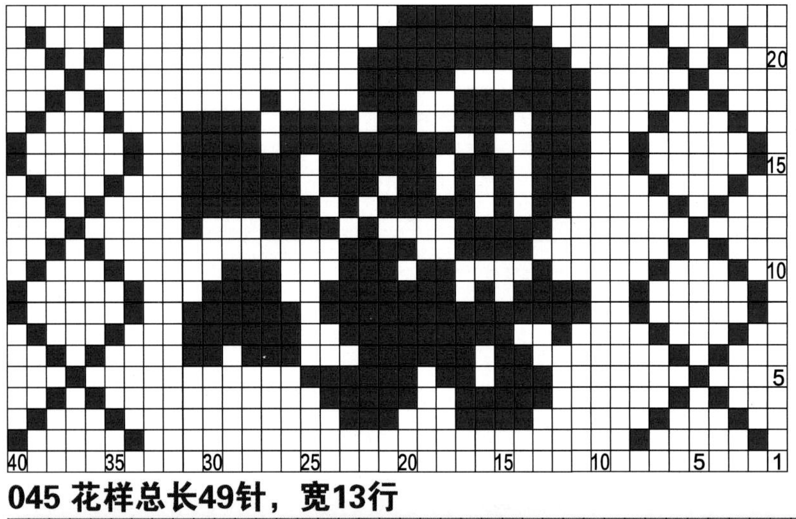

045 花样总长49针，宽13行

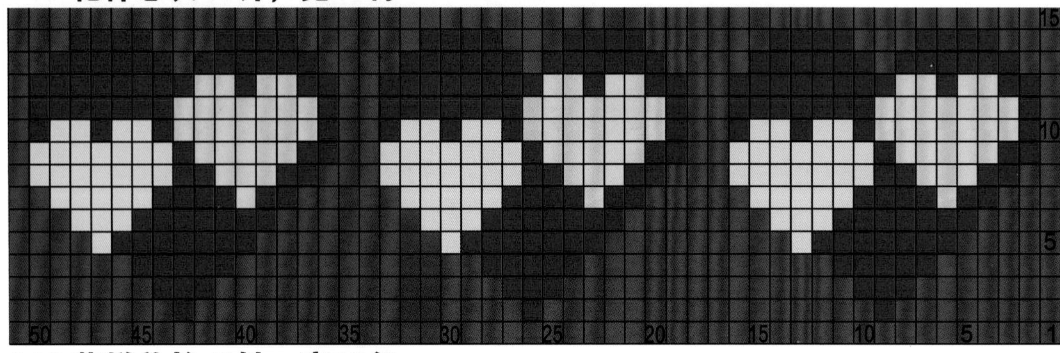

046 花样总长46针，宽18行

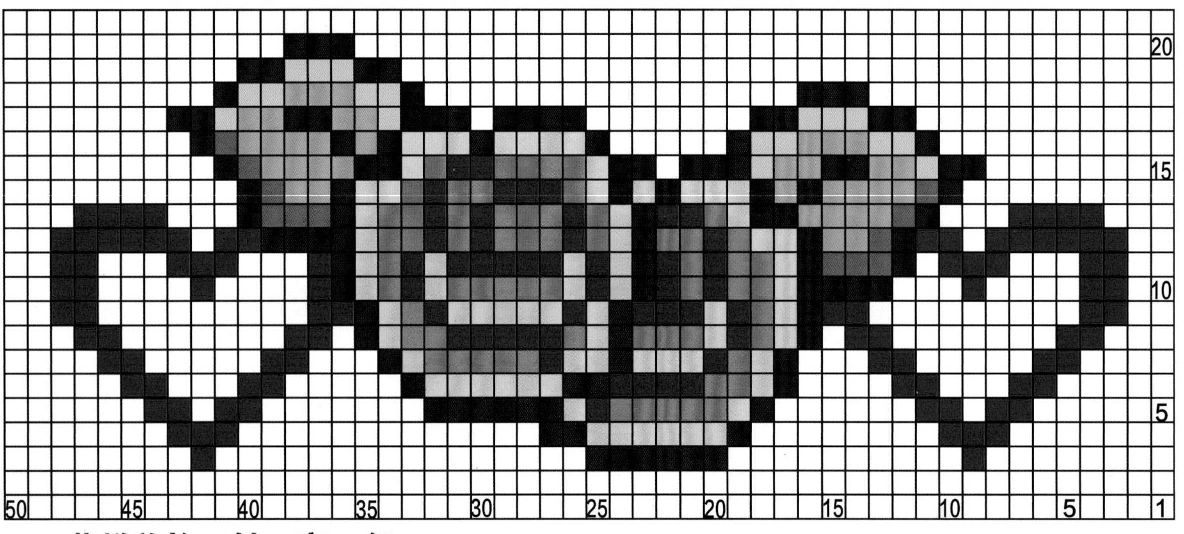

047 花样总长59针，宽15行

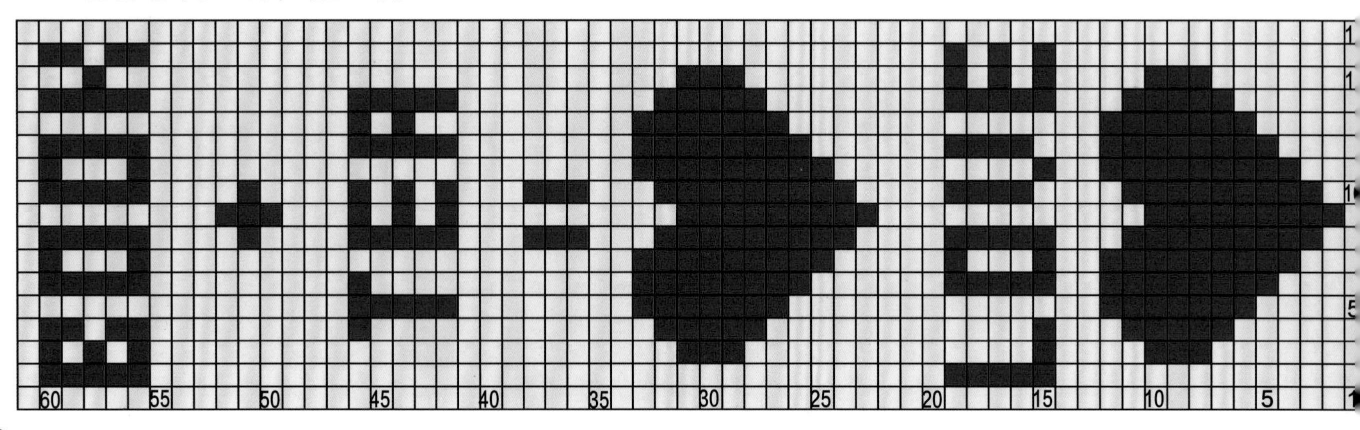

时尚提花花样

048 花样总长40针，宽11行

049 花样总长45针，宽15行

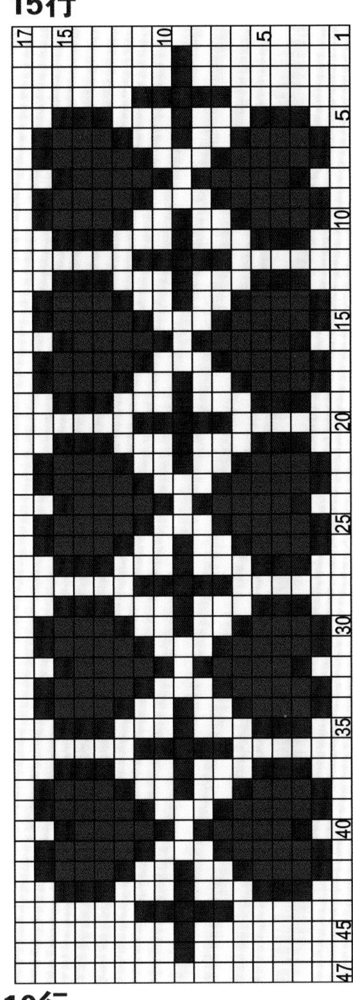

050 花样总长52针，宽11行

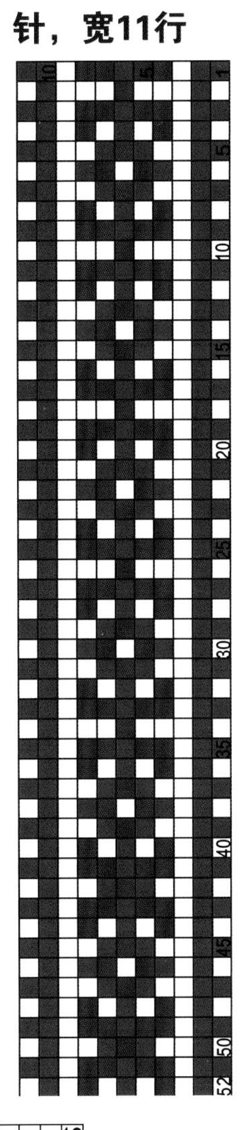

051 花样总长52针，宽17行

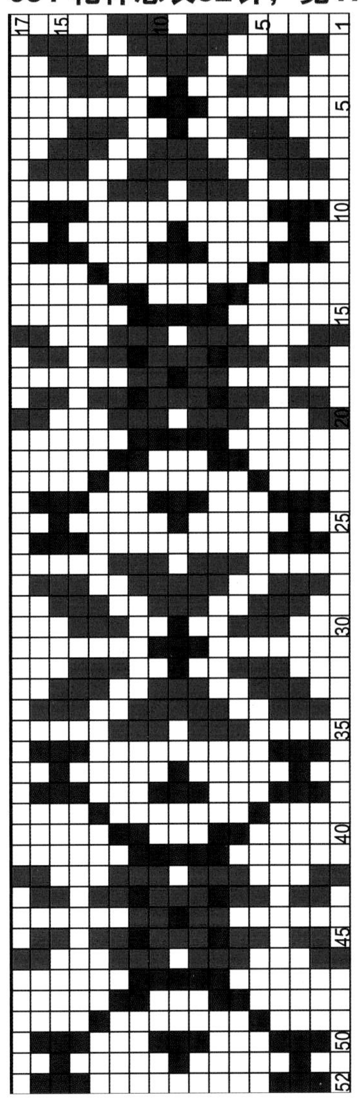

052 花样总长39针，宽10行

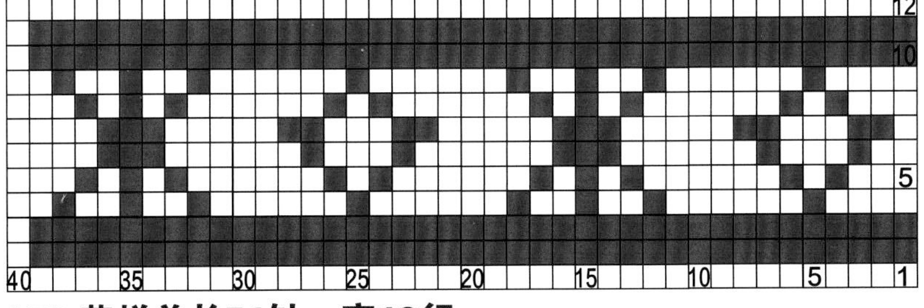

053 花样总长54针，宽19行

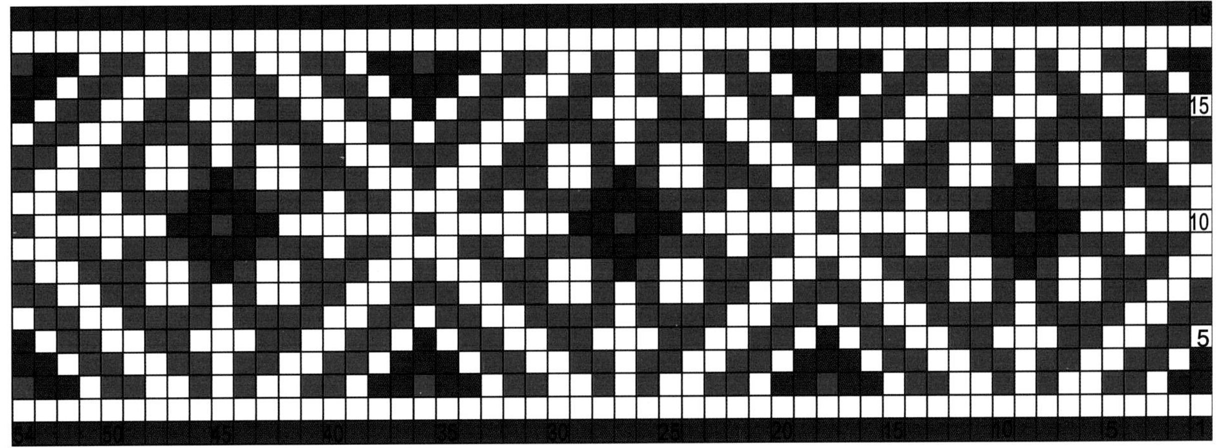

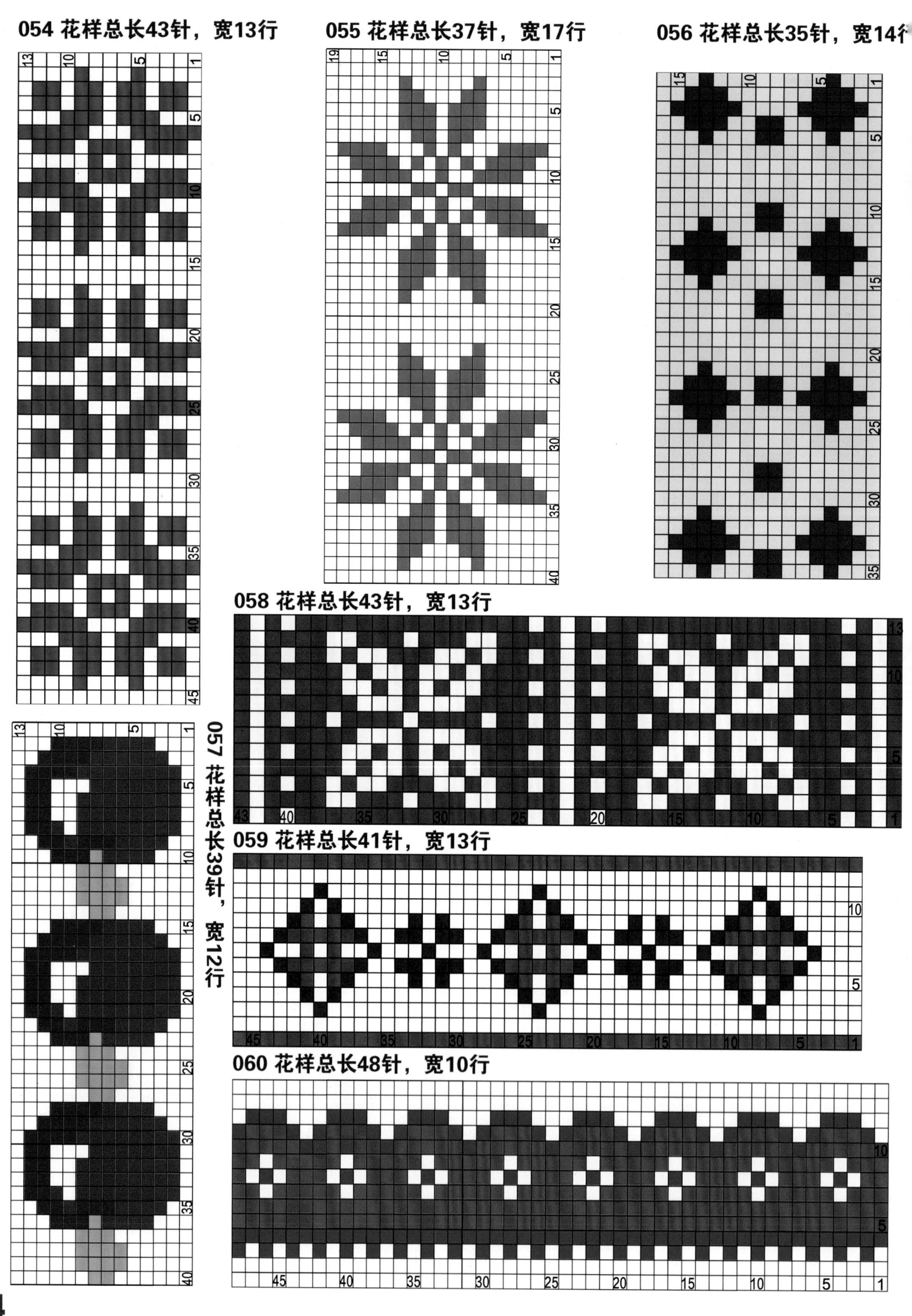
054 花样总长43针，宽13行
055 花样总长37针，宽17行
056 花样总长35针，宽14行
057 花样总长39针，宽12行
058 花样总长43针，宽13行
059 花样总长41针，宽13行
060 花样总长48针，宽10行

061 花样总长57针，宽15行　062 花样总长55针，宽13行　063 花样总长63针，宽21行

064 花样总长36针，宽11行

065 花样总长51针，宽9行

066 花样总长48针，宽19行

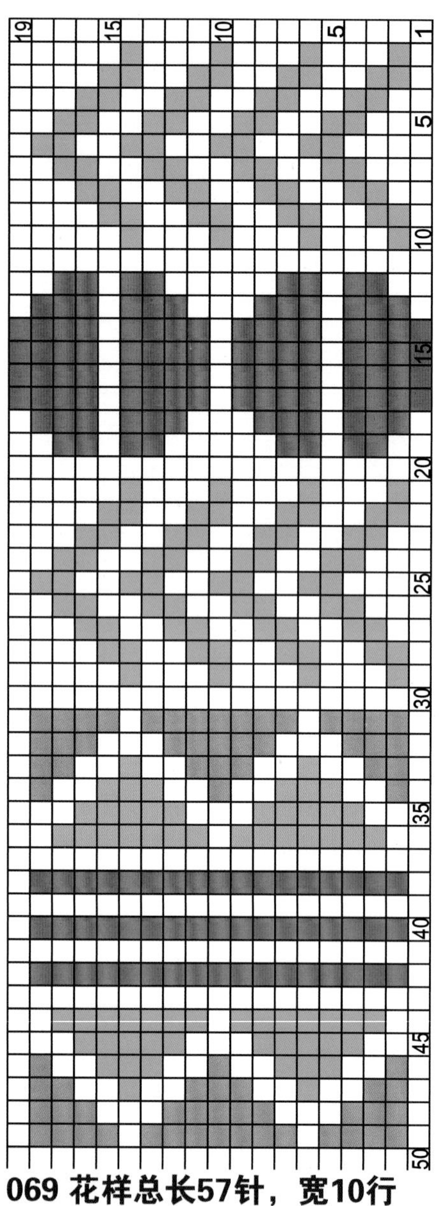

067 花样总长58针，宽13行

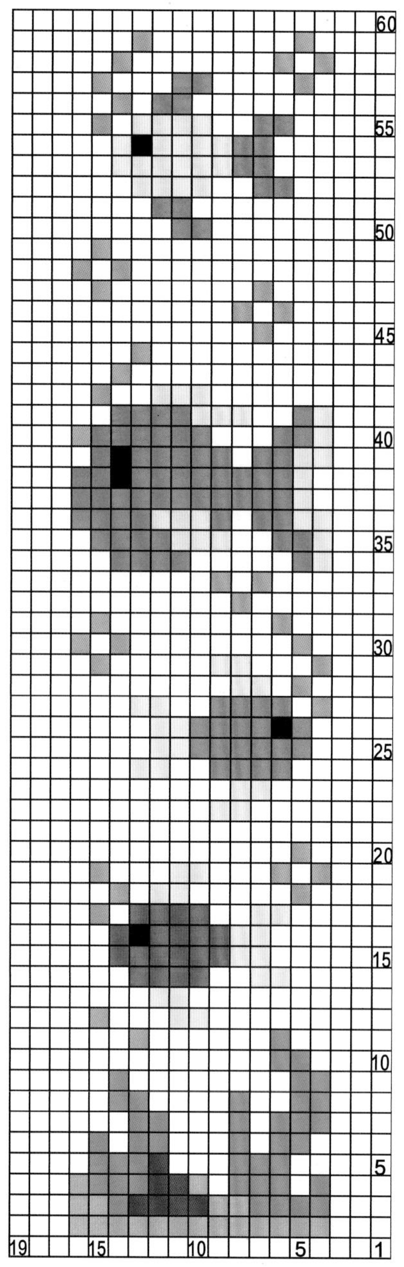

068 花样总长54针，宽18行

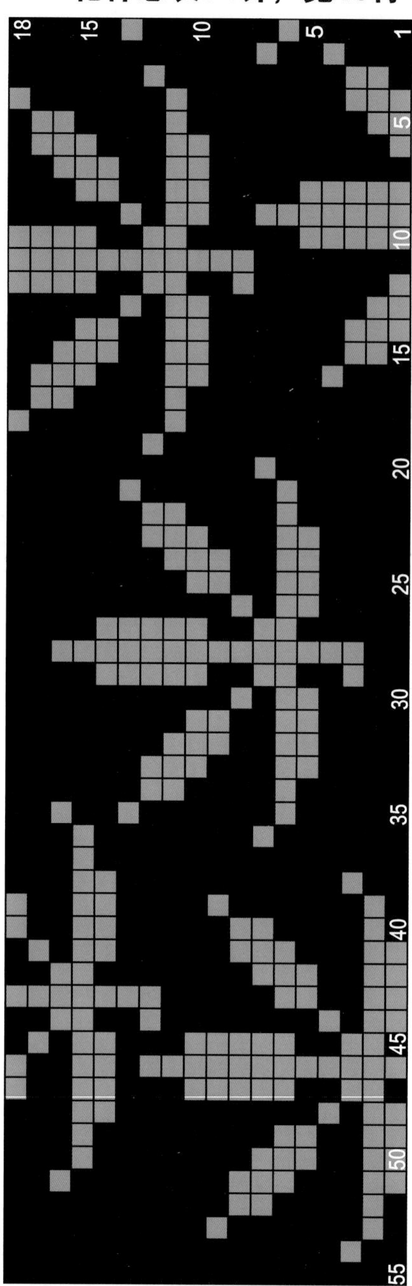

069 花样总长57针，宽10行

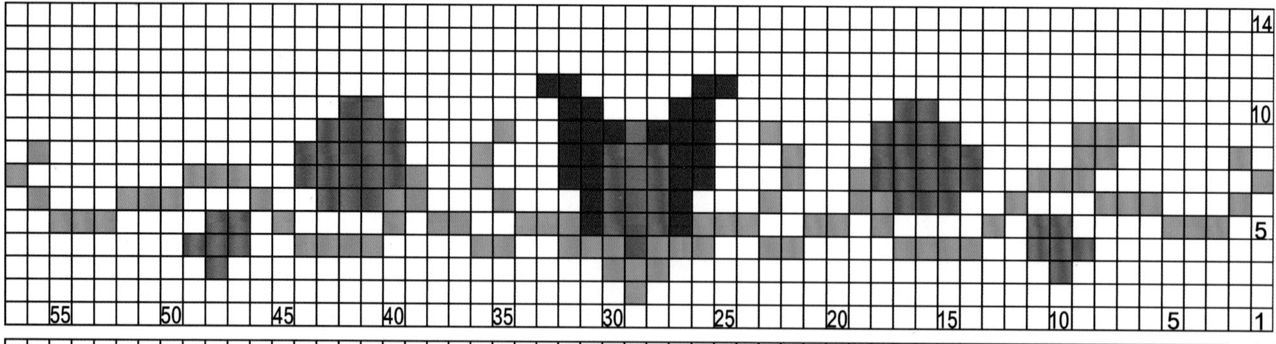

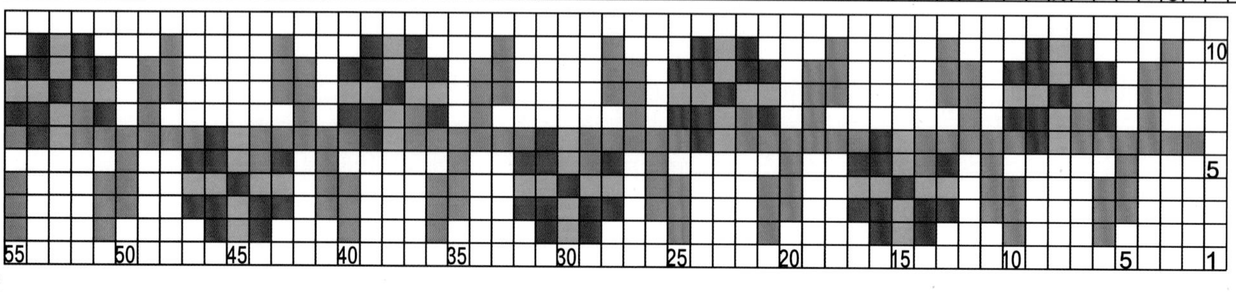

070 花样总长54针，宽9行

071 花样总长56针，宽14行(可根据实际针数来调整花样的个数或长度)

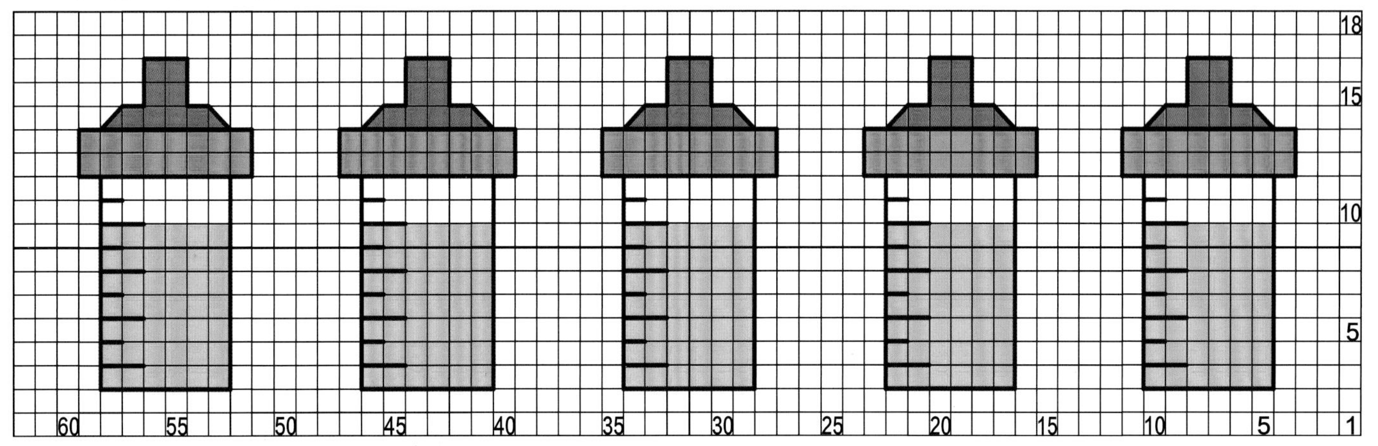

072 花样总长55针，宽14行(可根据实际针数来调整花样的个数或长度)

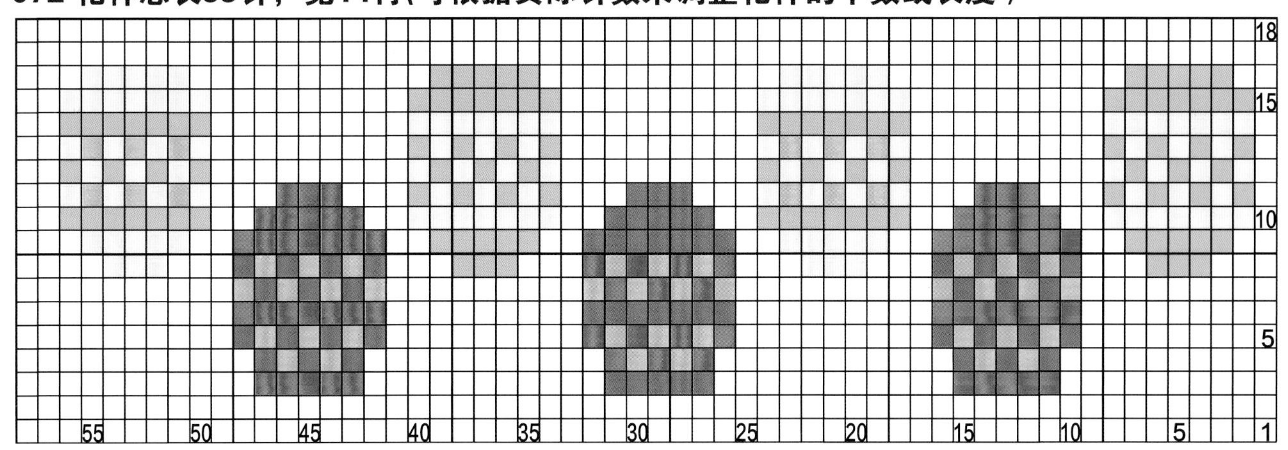

073 花样总长55针，宽14行

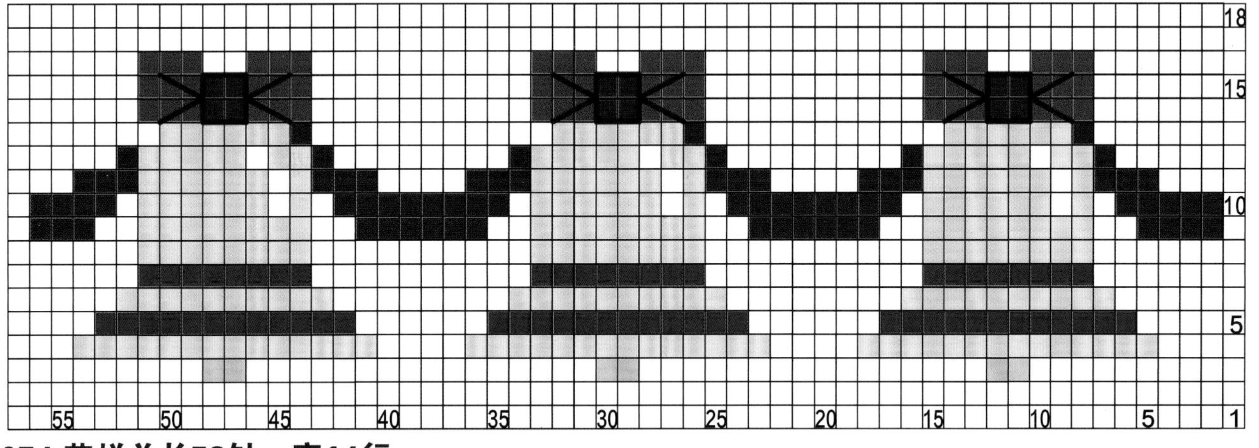

074 花样总长52针，宽14行

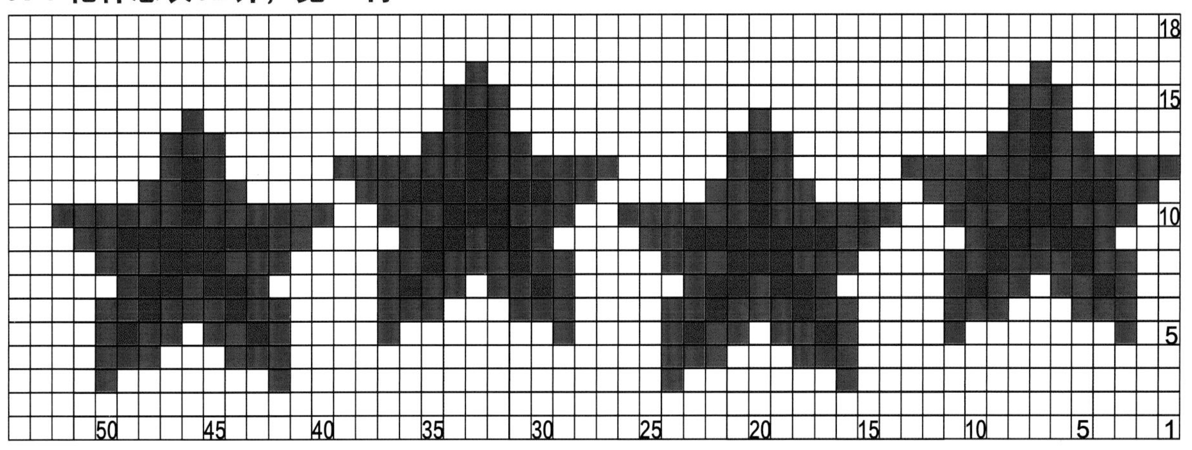

075 花样总长53针，宽13行

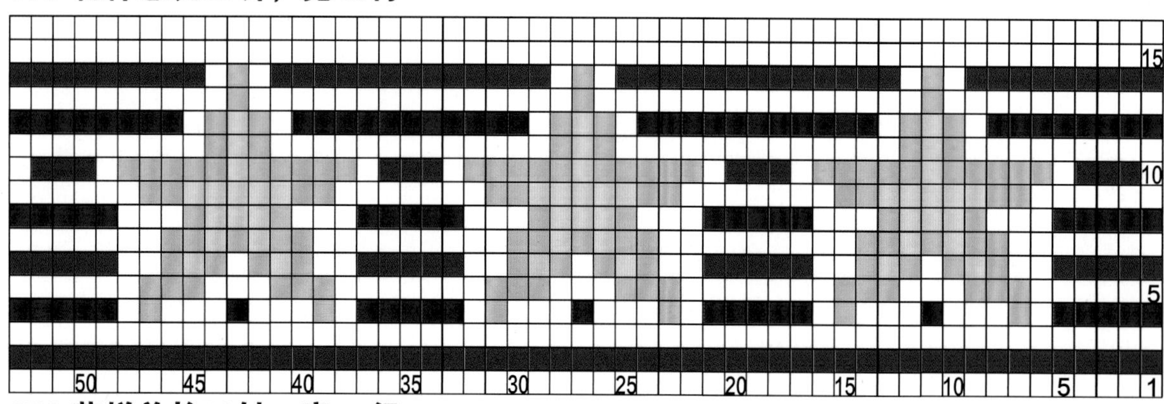

076 花样总长52针，宽14行

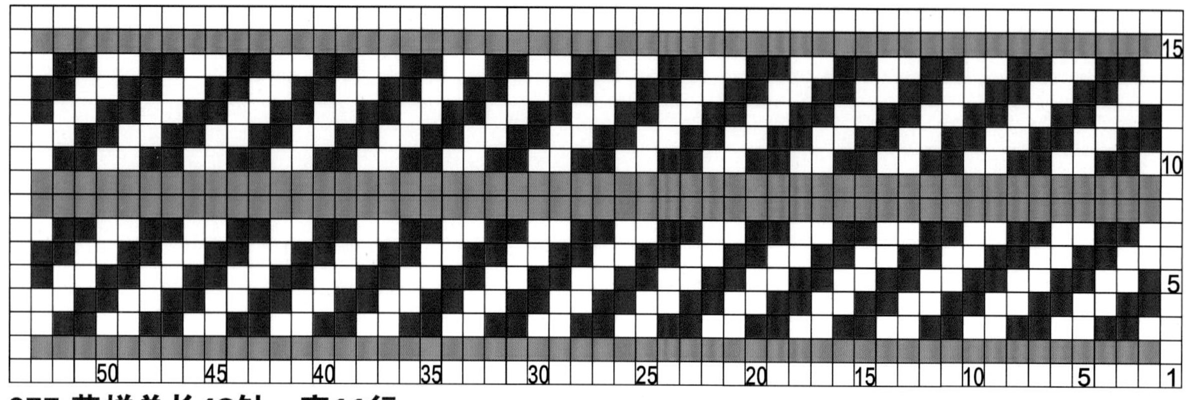

077 花样总长48针，宽11行

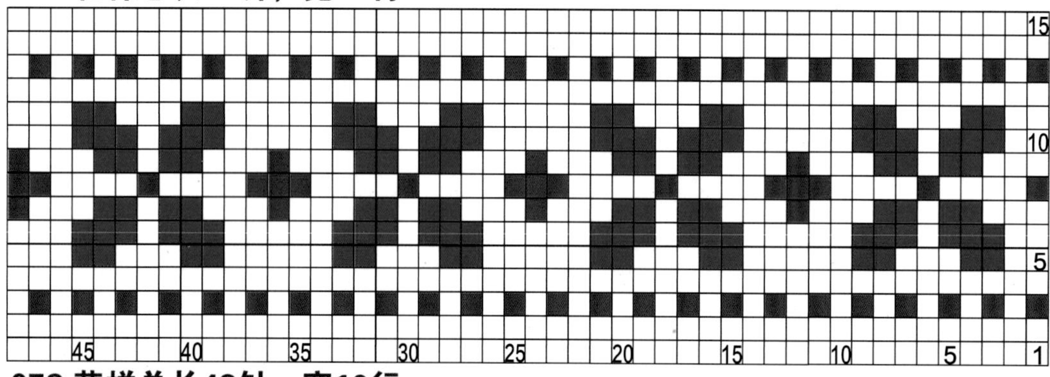

078 花样总长43针，宽10行

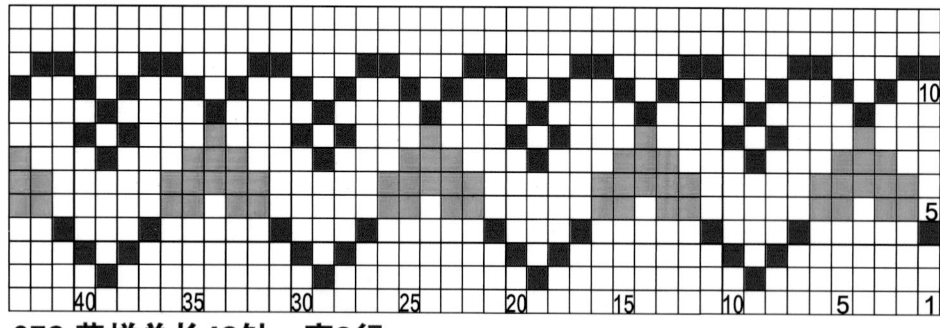

079 花样总长49针，宽9行

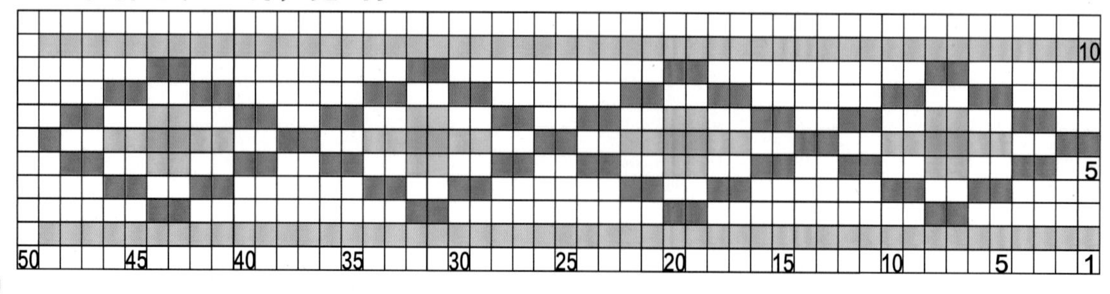

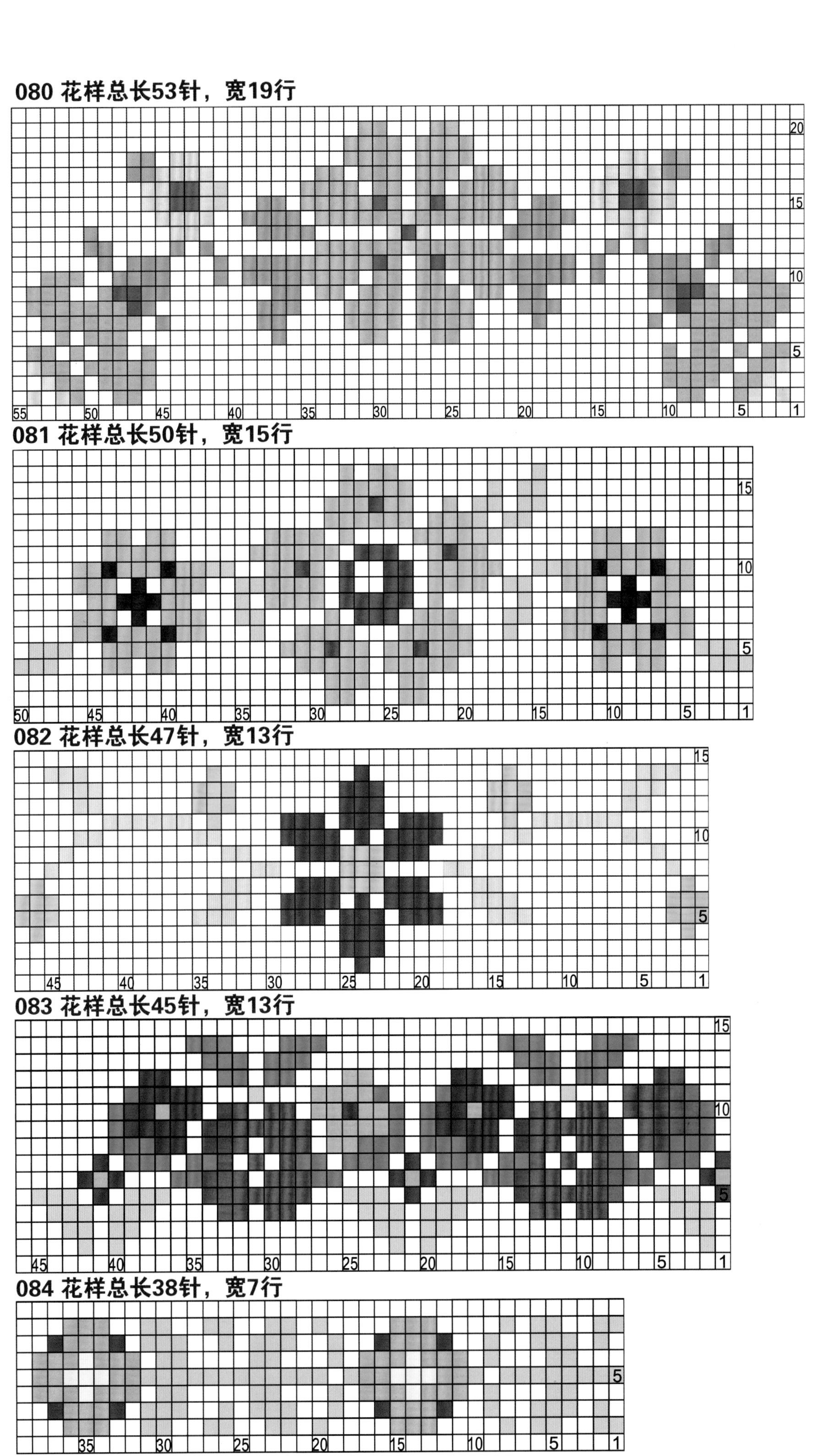

080 花样总长53针，宽19行

081 花样总长50针，宽15行

082 花样总长47针，宽13行

083 花样总长45针，宽13行

084 花样总长38针，宽7行

085 花样总长55针，宽19行

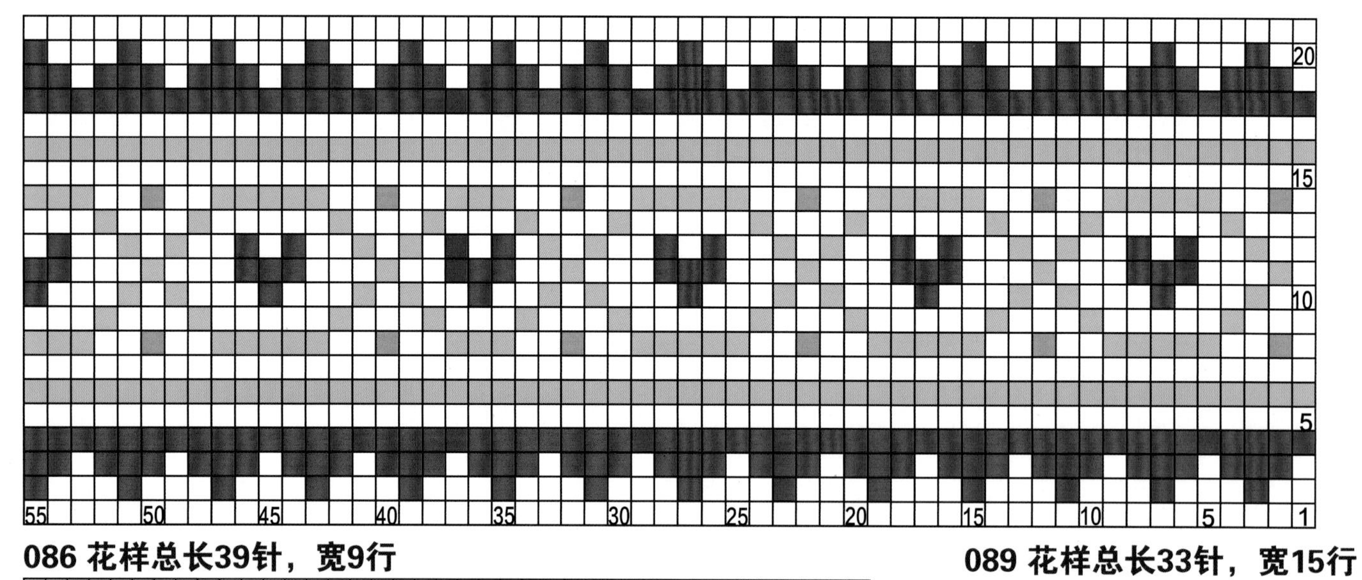

086 花样总长39针，宽9行

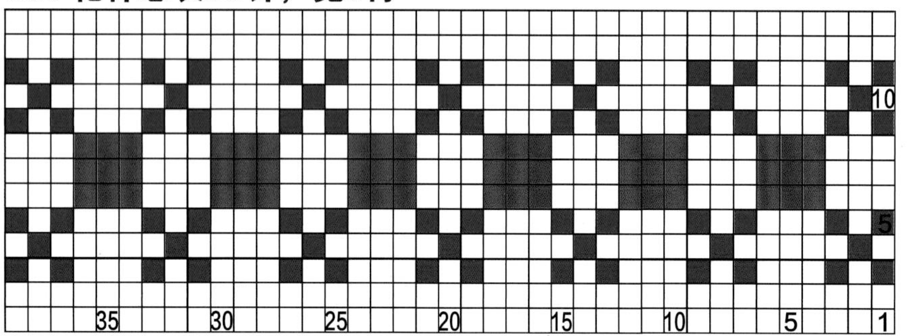

089 花样总长33针，宽15行

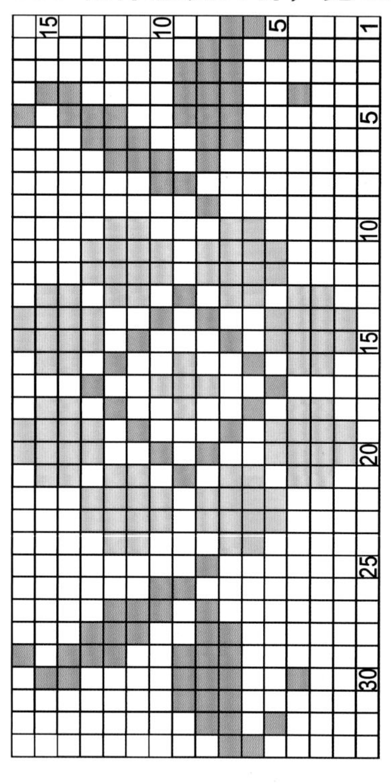

087 花样总长42针，宽13行

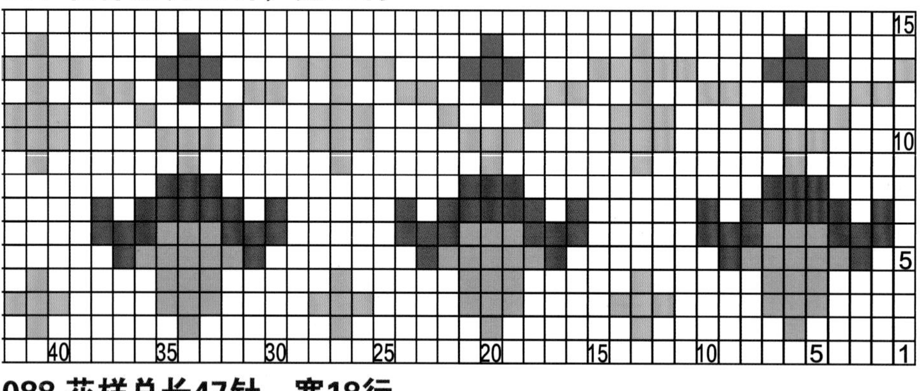

088 花样总长47针，宽18行

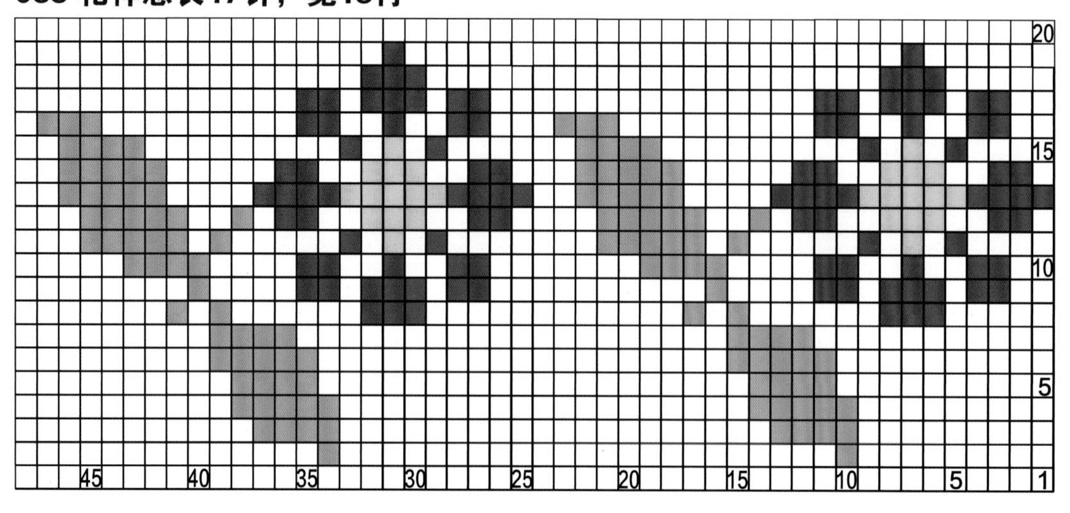

090 花样总长42针，宽19行

091 花样总长49针，宽23行

092 花样总长52针，宽19行

093 花样总长80针，宽18行

094 花样总长59针，宽13行

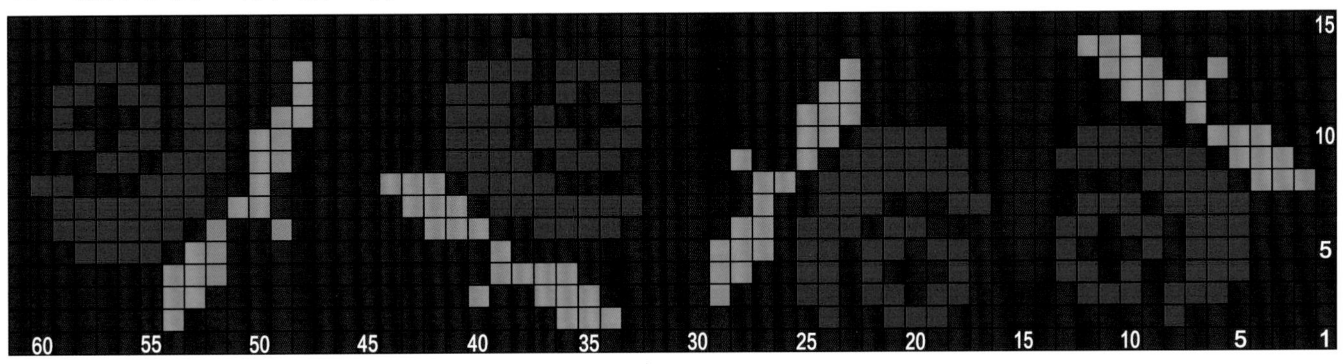

095 花样总长61针，宽21行

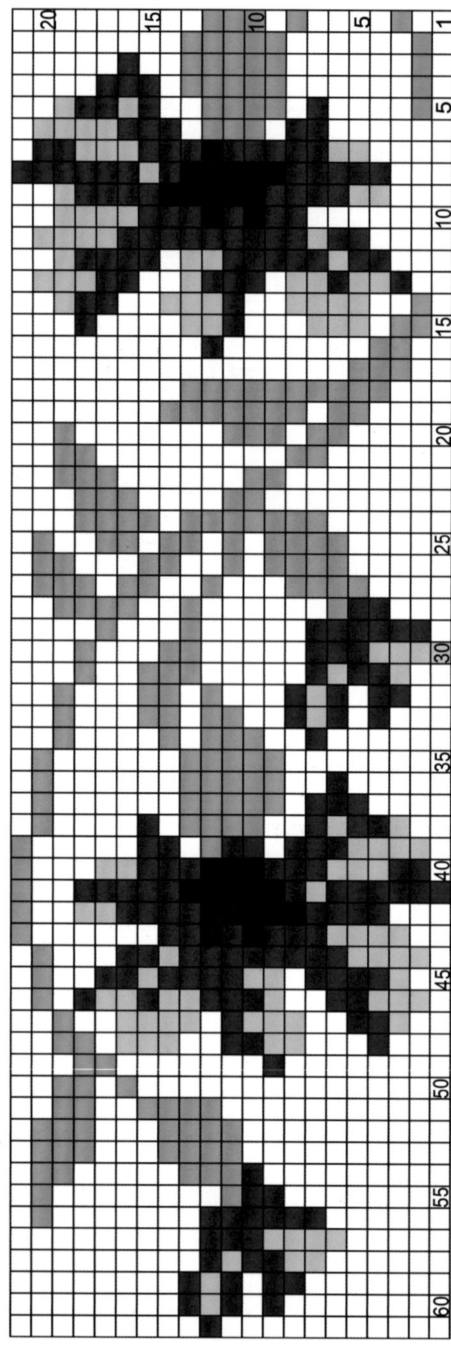

096 花样总长31针，宽12行

097 花样总长39针，宽14行

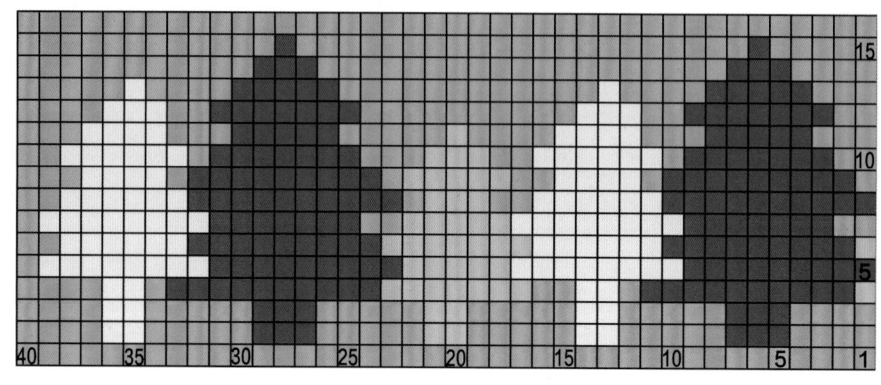

098 花样总长43针，宽6行

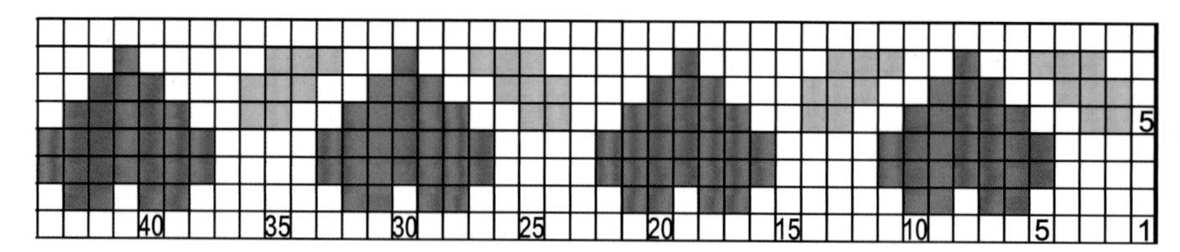

099 花样总长41针，宽13行

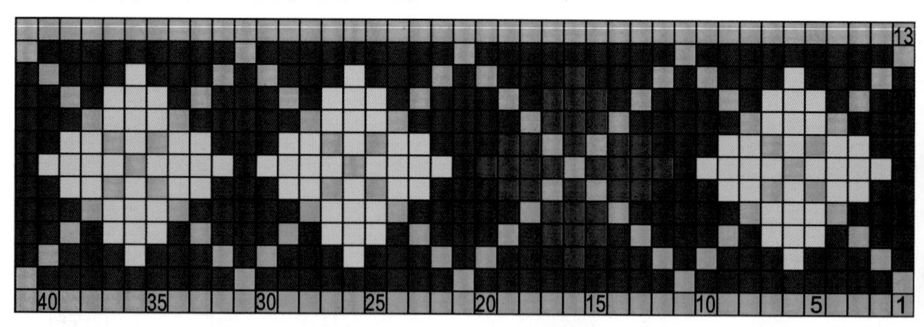

100 花样总长63针，宽21行

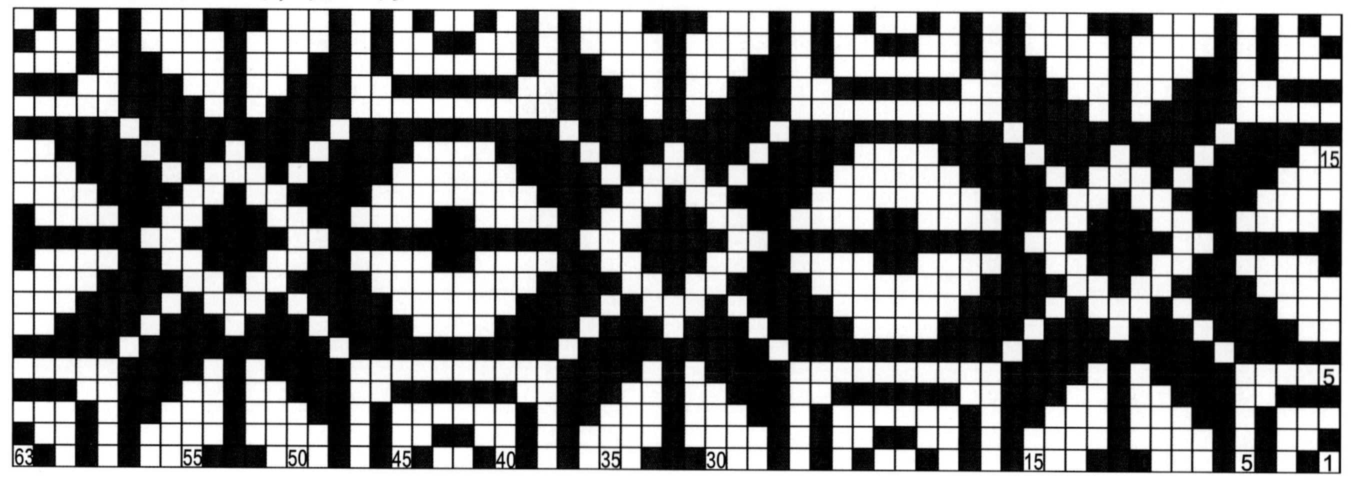

101 花样总长65针，宽17行

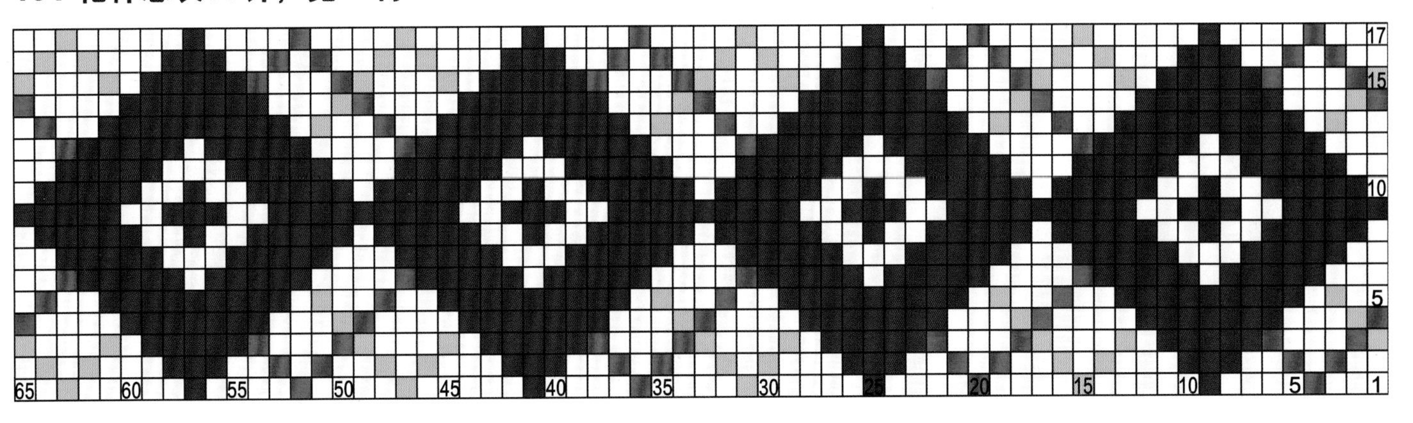

102 花样总长71针，宽15行

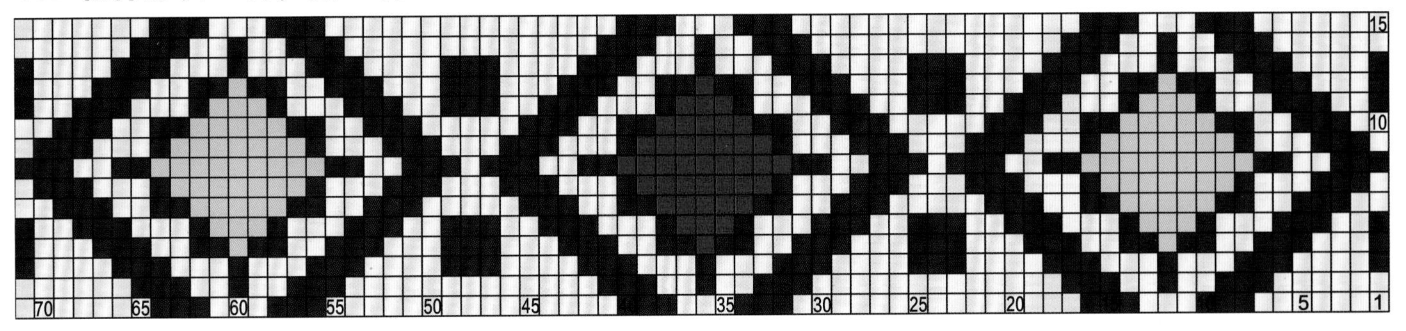

103 花样总长60针，宽15行

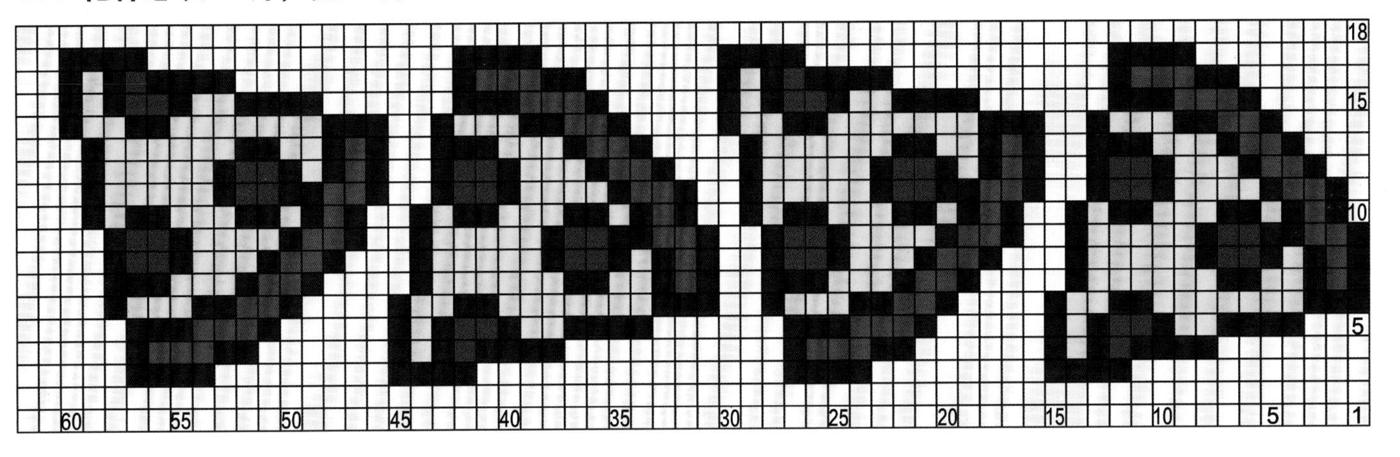

104 花样总长55针，宽19行

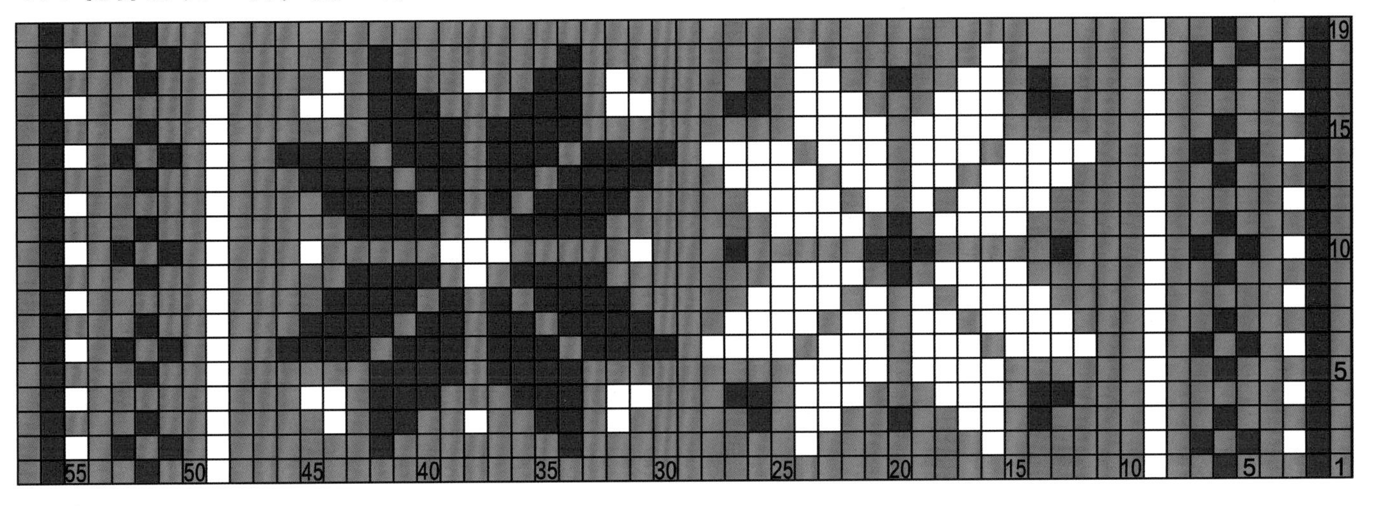

105 花样总长47针，宽16行

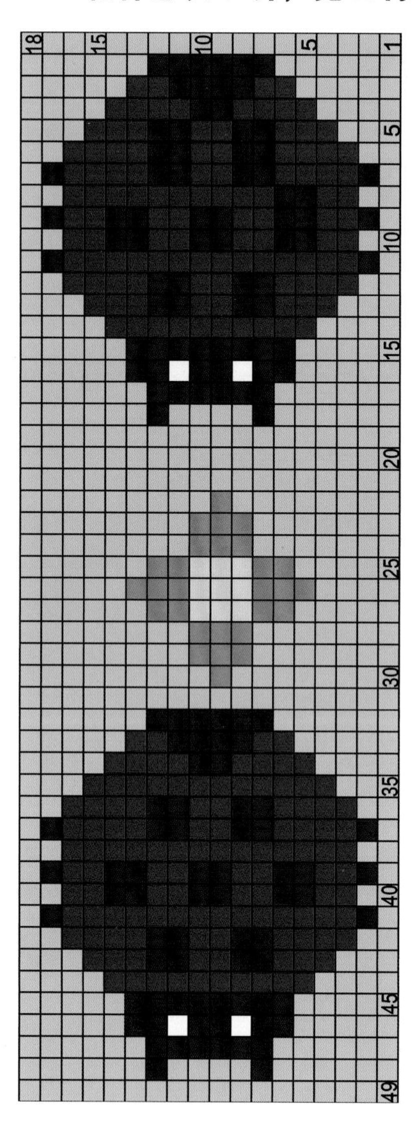

106 两朵花样总长43针，宽21行

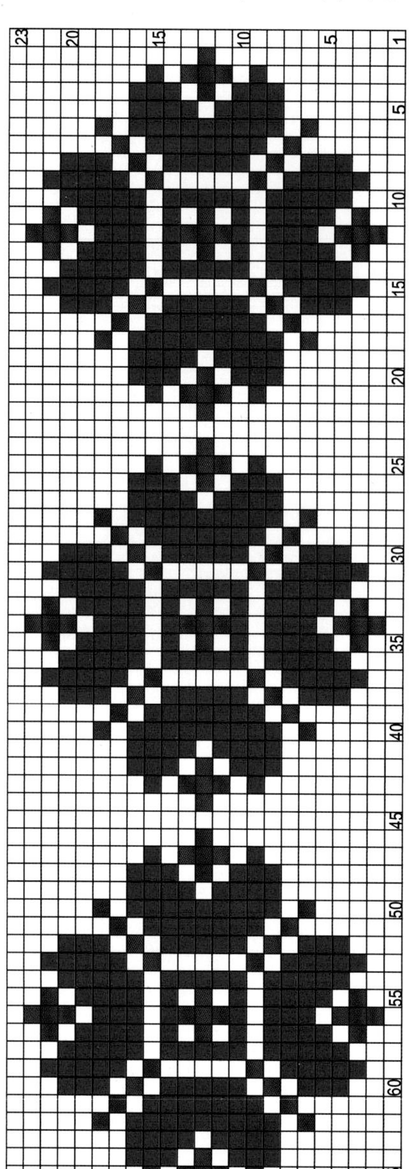

107 花样总长55针，宽17行

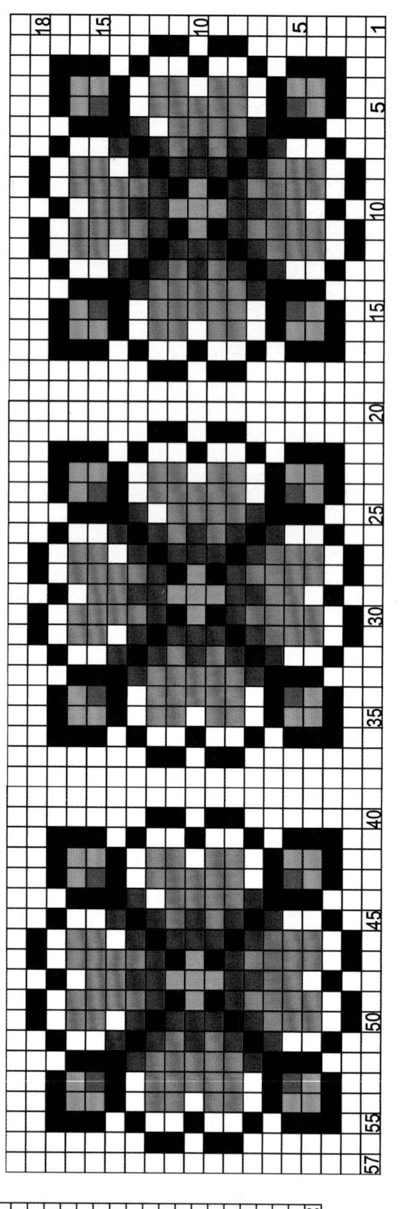

108 花样总长75针，宽19行

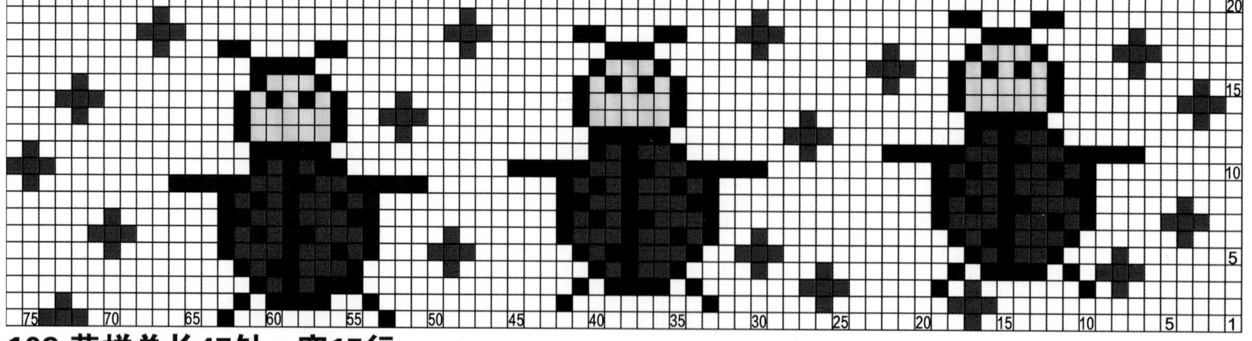

109 花样总长47针，宽15行

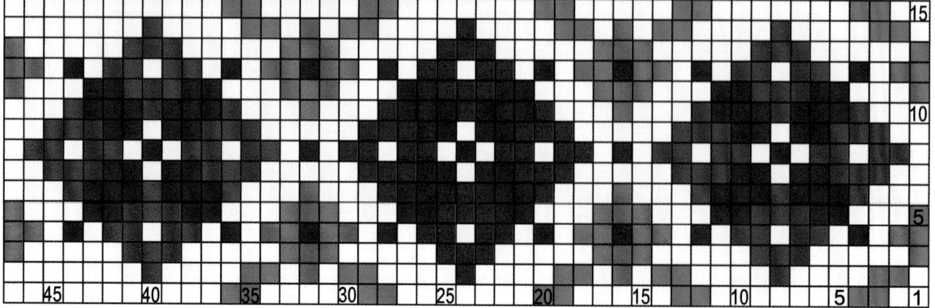

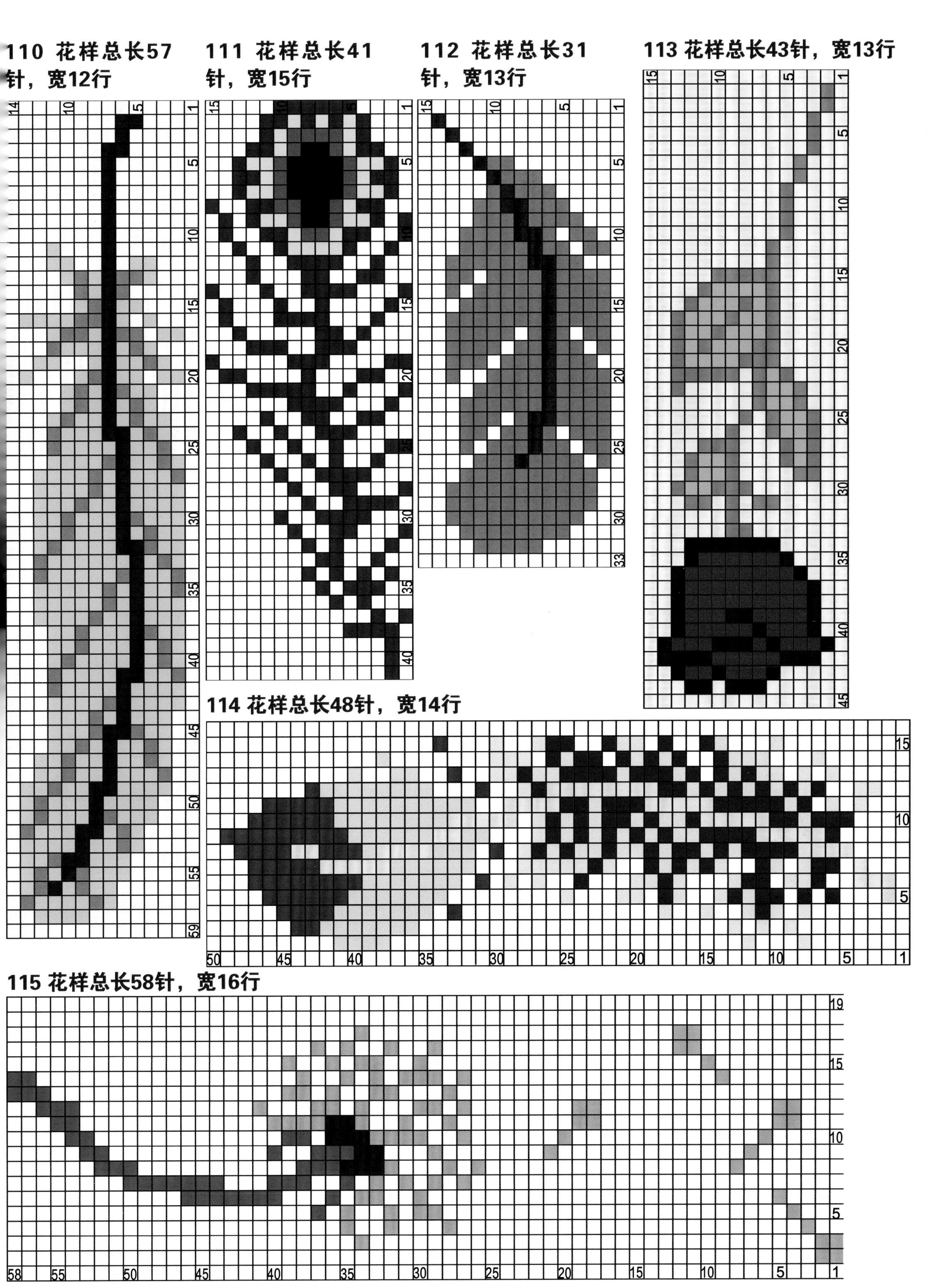

110 花样总长57针，宽12行

111 花样总长41针，宽15行

112 花样总长31针，宽13行

113 花样总长43针，宽13行

114 花样总长48针，宽14行

115 花样总长58针，宽16行

116 花样总长58针，宽20行

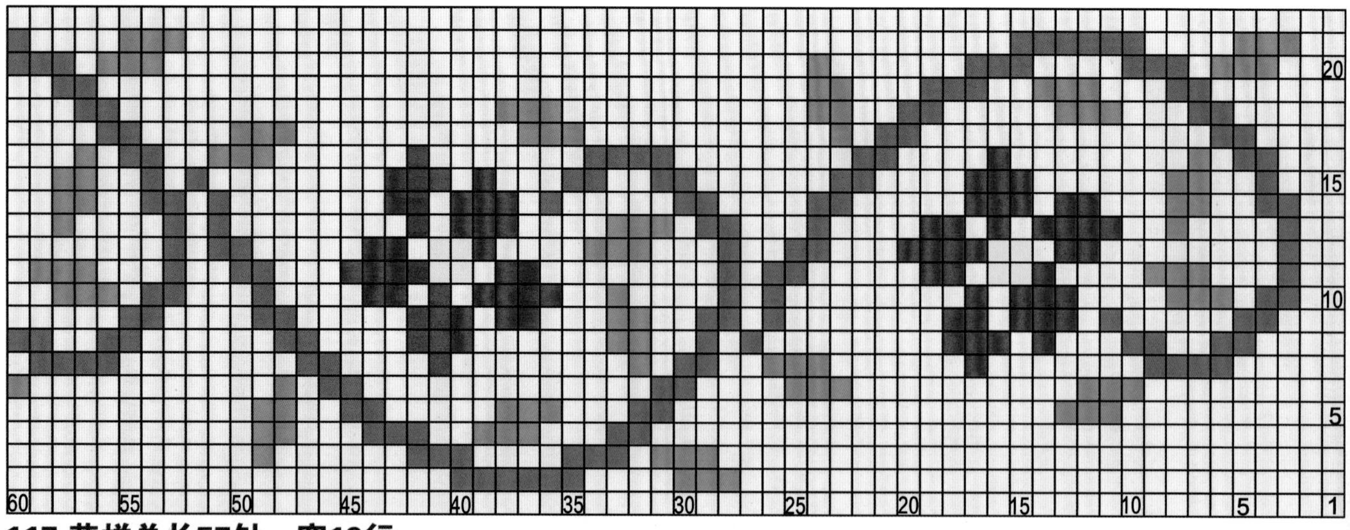

117 花样总长57针，宽19行

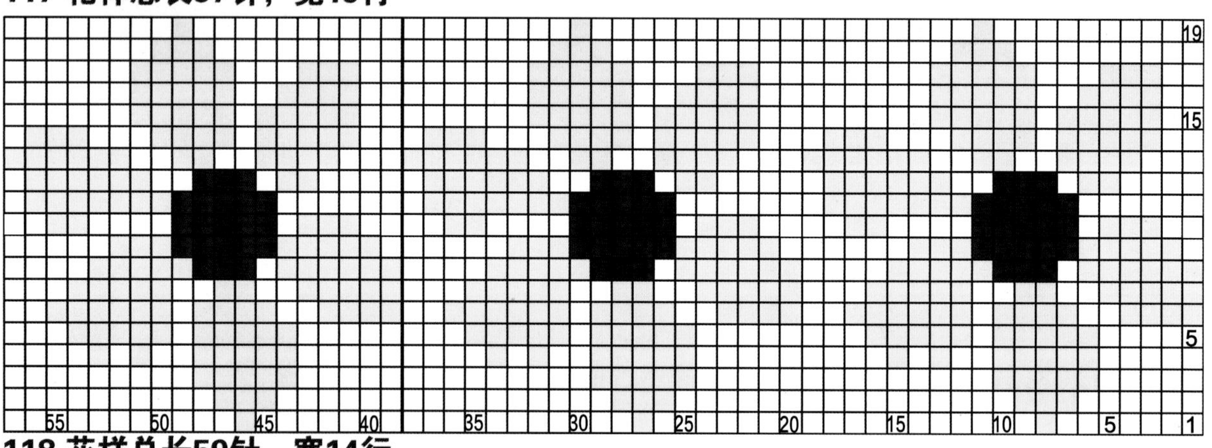

118 花样总长59针，宽14行

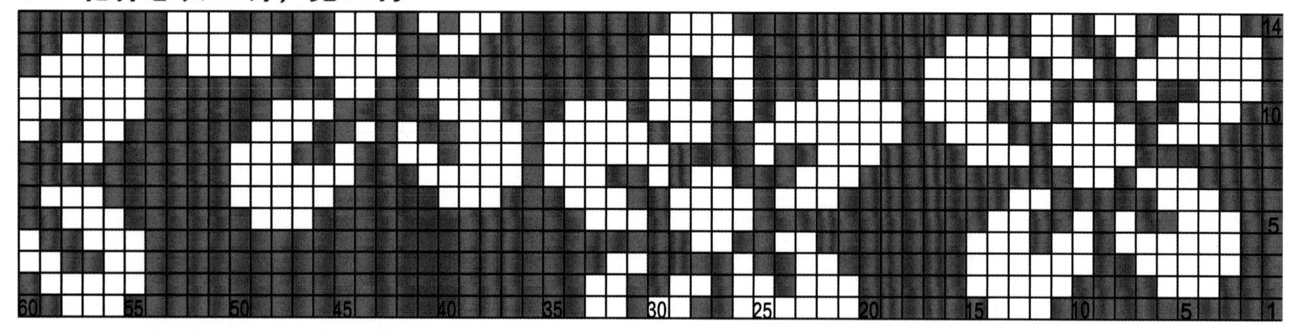

119 花样总长37针，宽16行

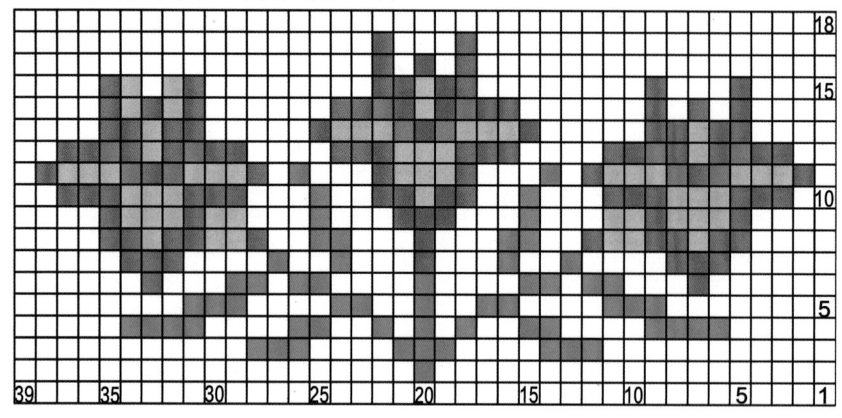

创意卡通动物图案

120 花样总长39针，宽20行

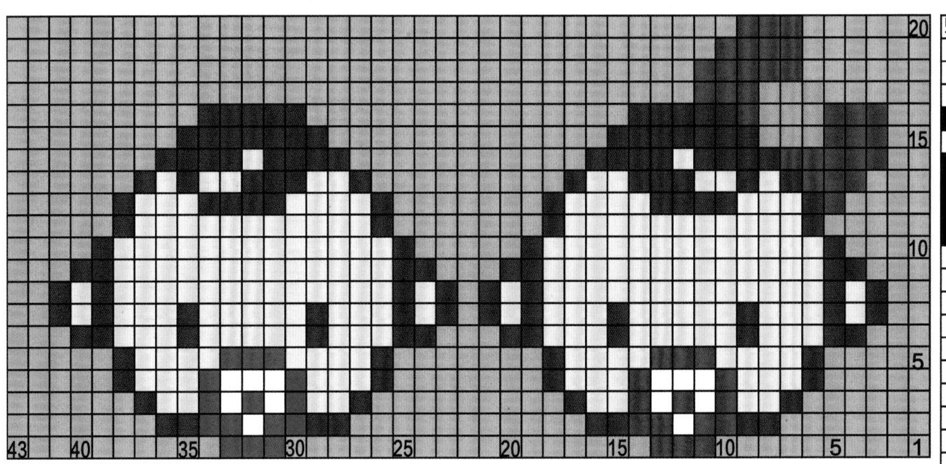

121 花样总长40针，宽16行

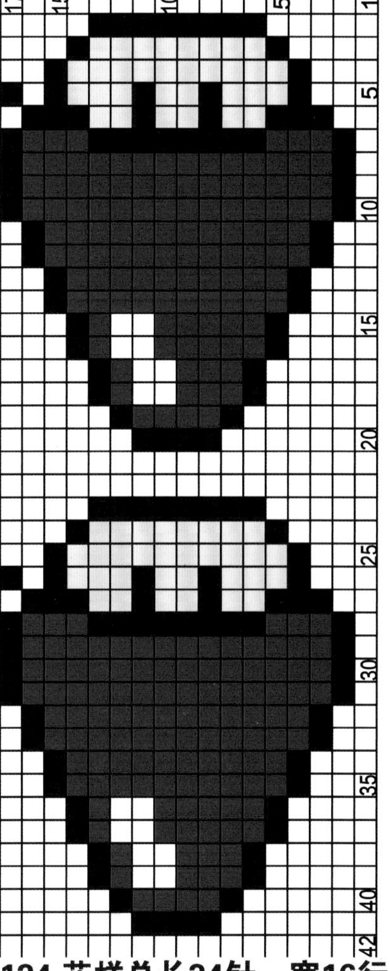

122 花样总长55针，宽15行

123 花样总长53针，宽15行

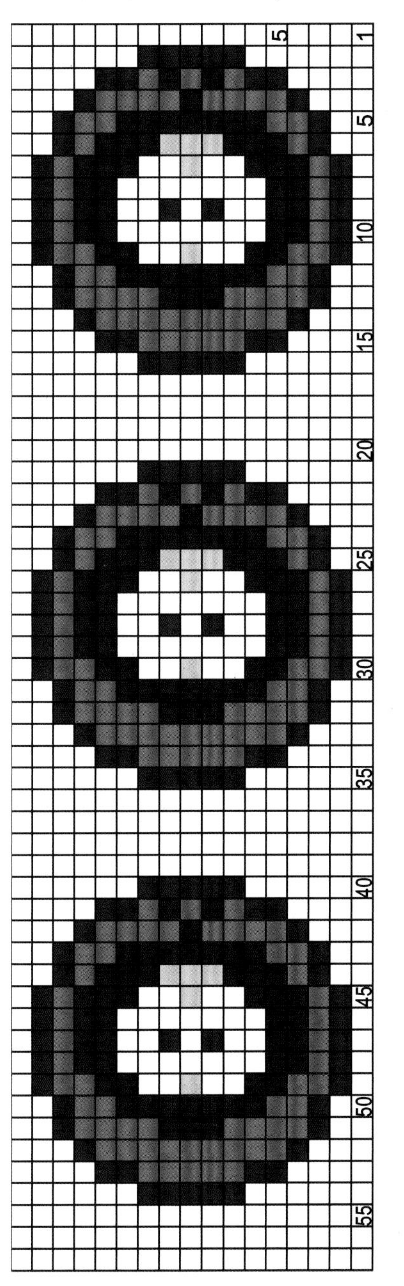

124 花样总长34针，宽16行

125 花样总长39针，宽14行

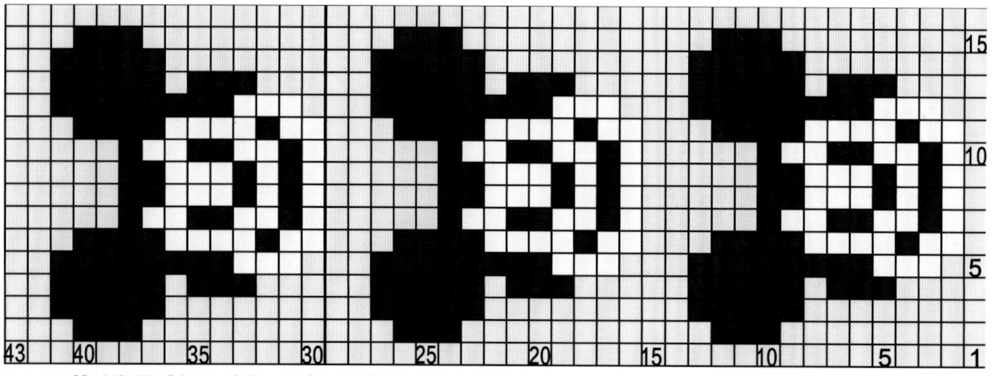

126 花样总长42针，宽14行

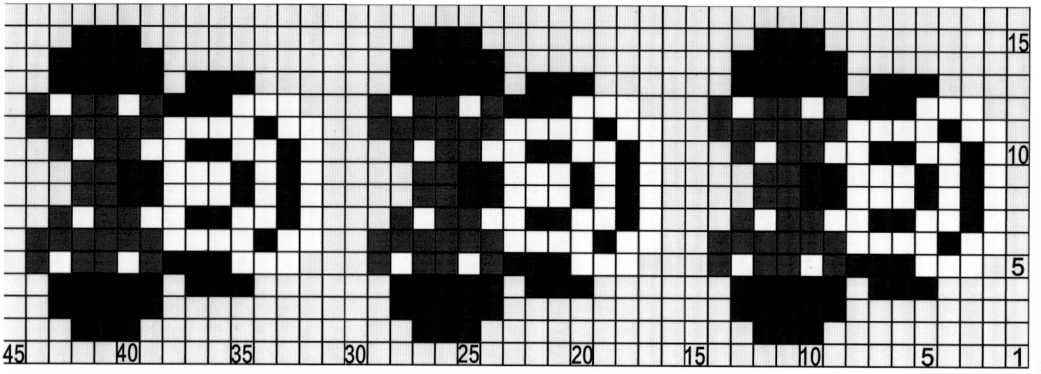

127 花样总长39针，宽15行

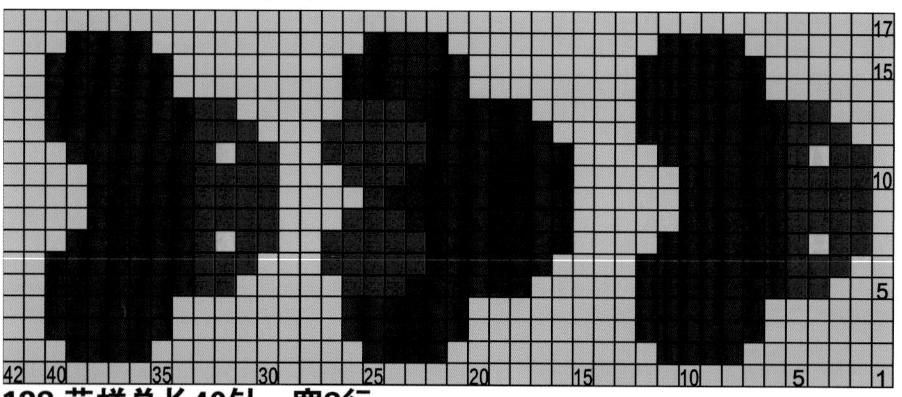

128 花样总长40针，宽8行

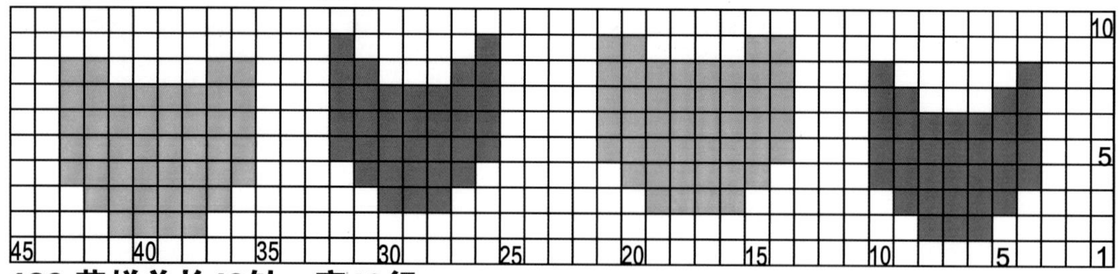

129 花样总长43针，宽13行

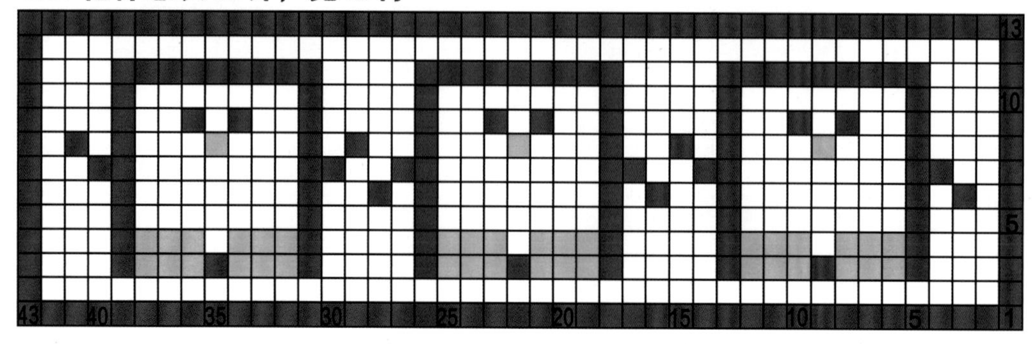

130 花样总长43针，宽12行

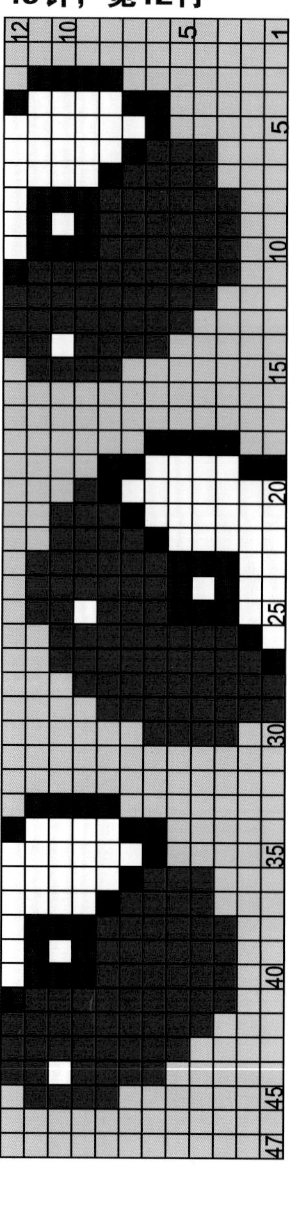

131 花样总长34针，宽15行

132 花样总长36针，宽17行

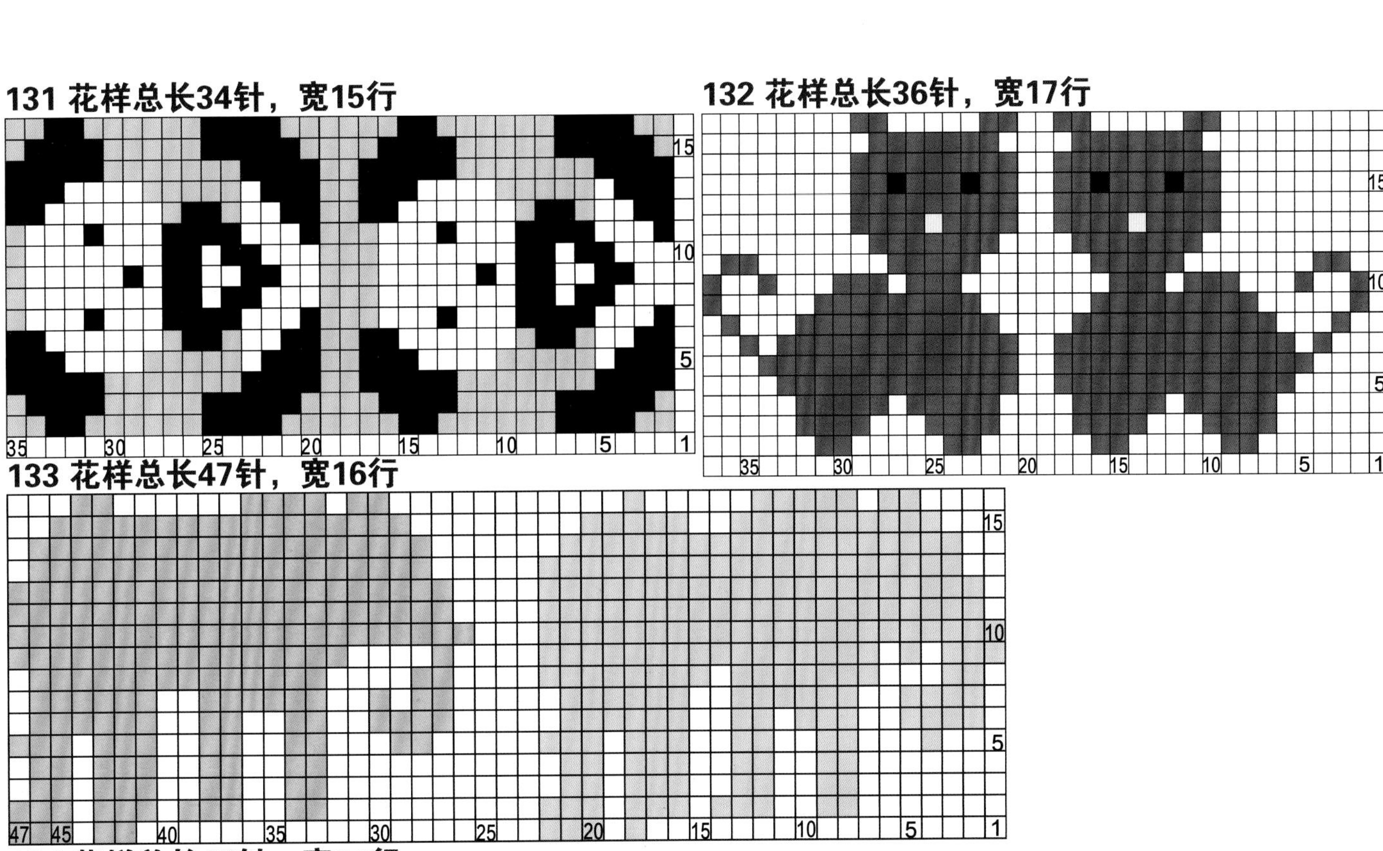

133 花样总长47针，宽16行

134 花样总长49针，宽14行

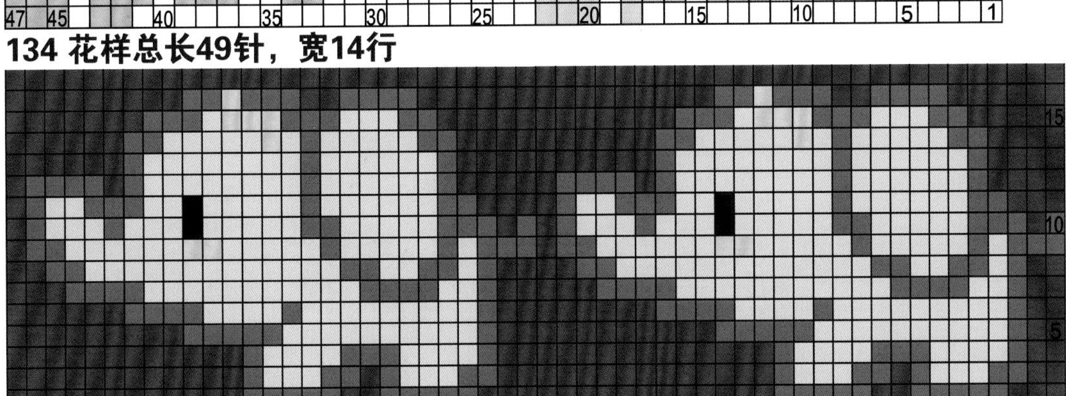

135 花样总长41针，宽10行

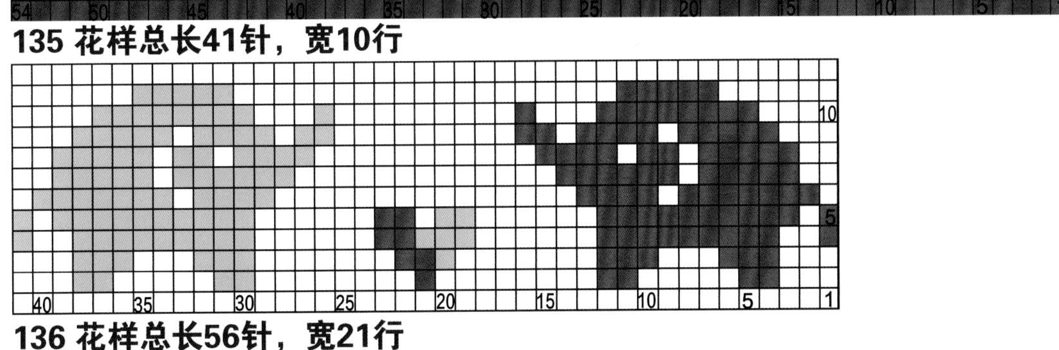

136 花样总长56针，宽21行

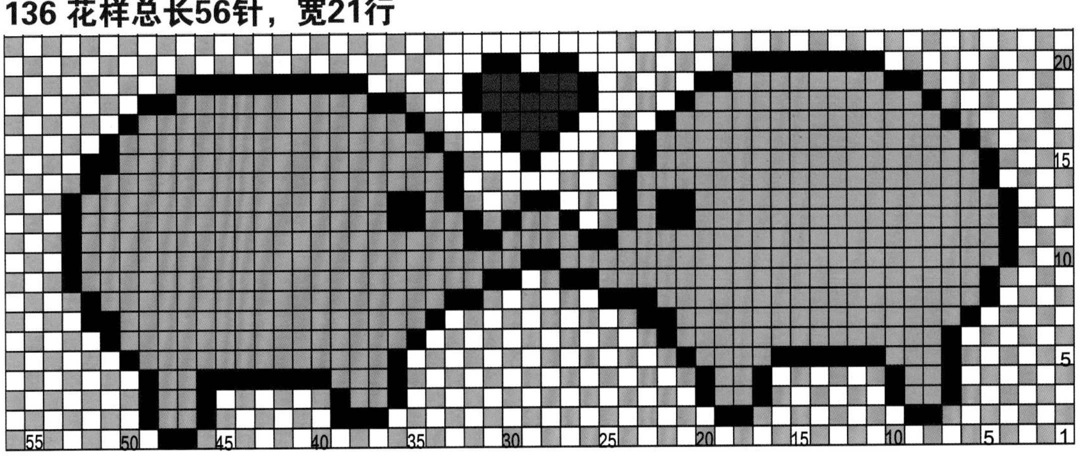

137 花样总长53针，宽18行

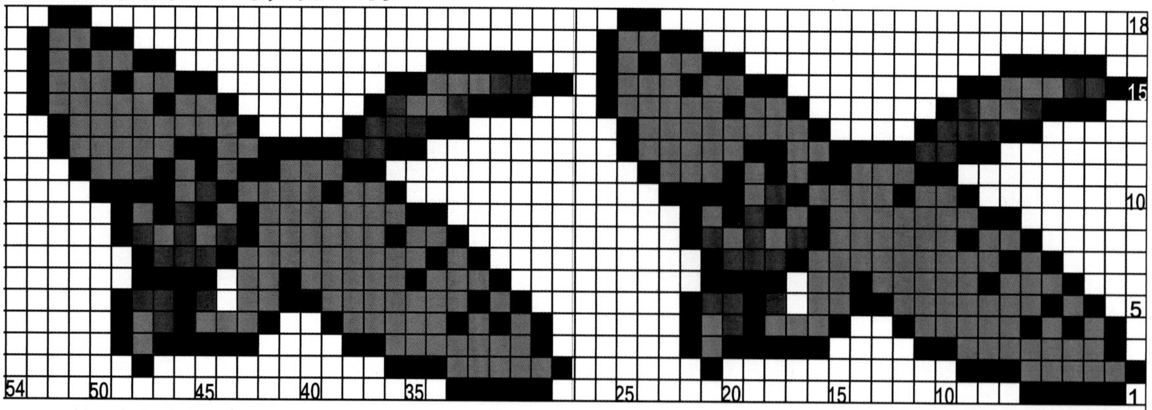

138 花样总长41针，宽17行

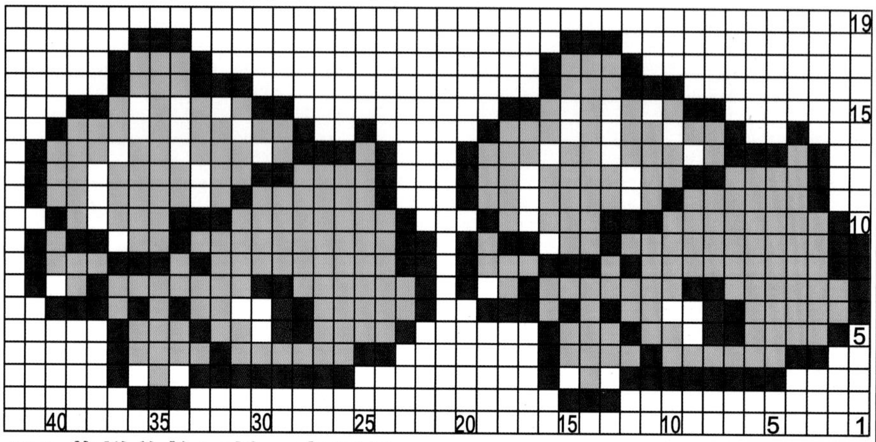

139 花样总长44针，宽17行

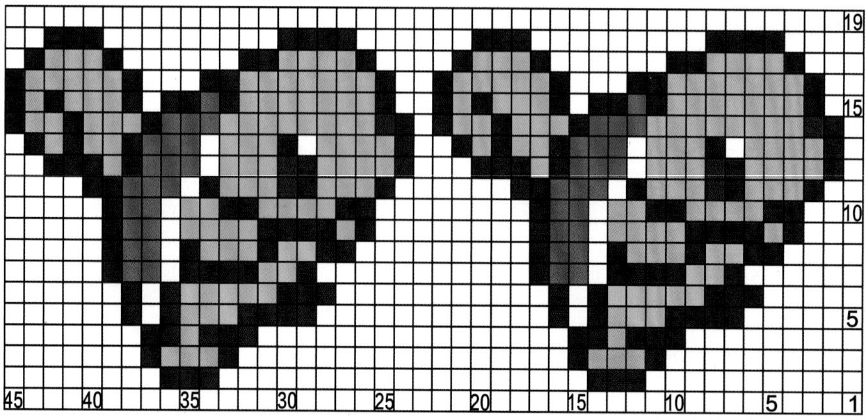

140 花样总长46针，宽19行

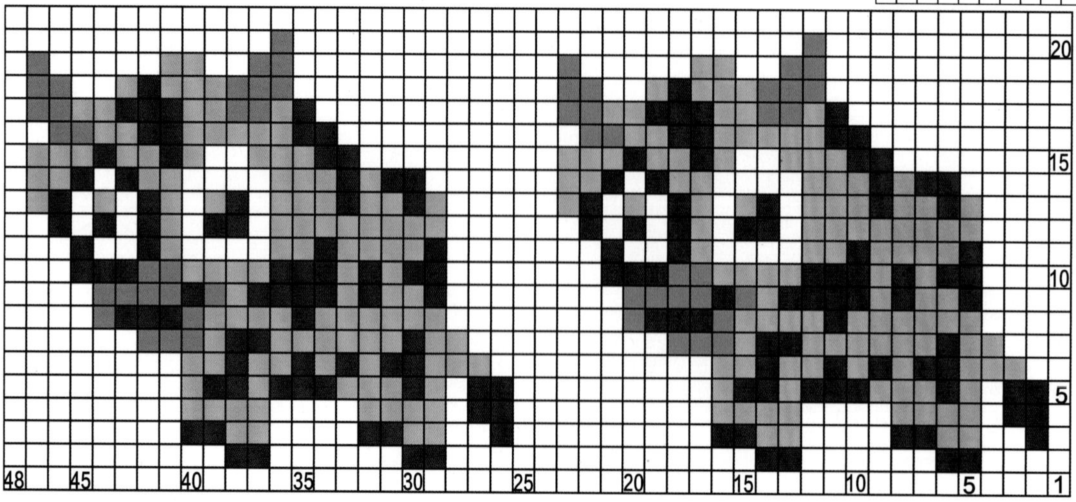

141 花样总长46针，宽19行

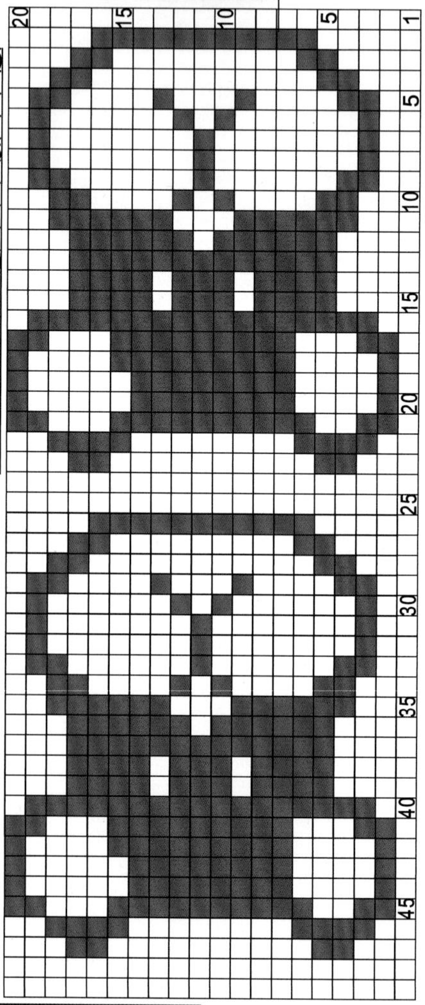

142 花样总长38针，宽20行

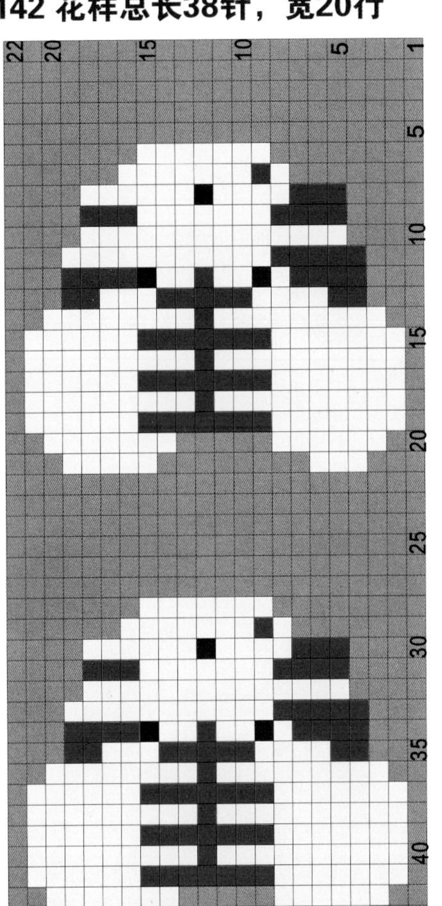

143 花样总长38针，宽20行

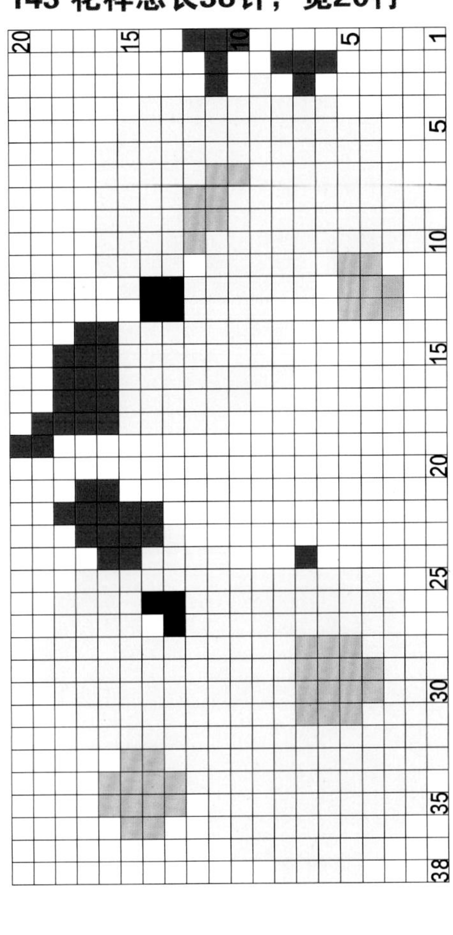

144 花样总长49针，宽16行

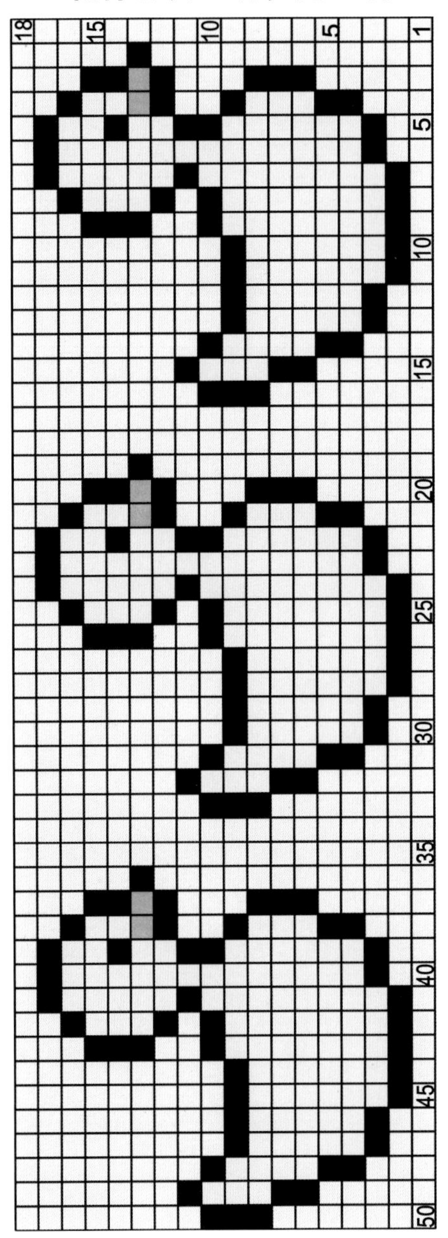

145 花样总长38针，宽17行

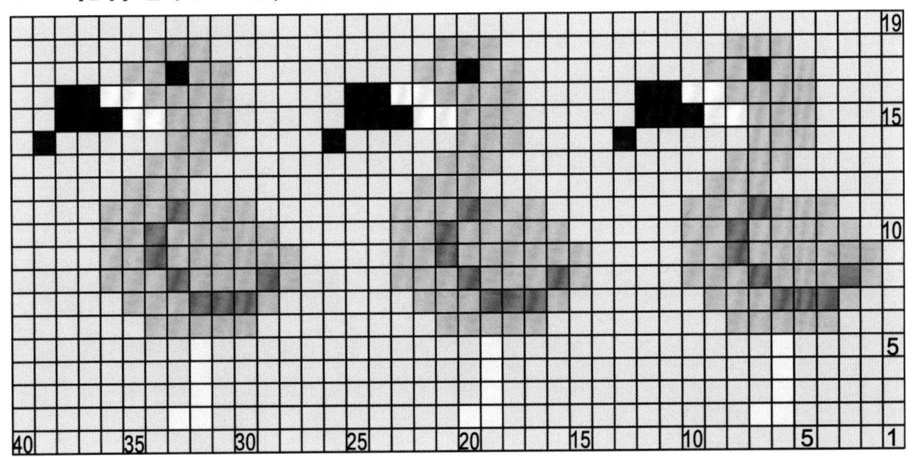

146 花样总长42针，宽12行

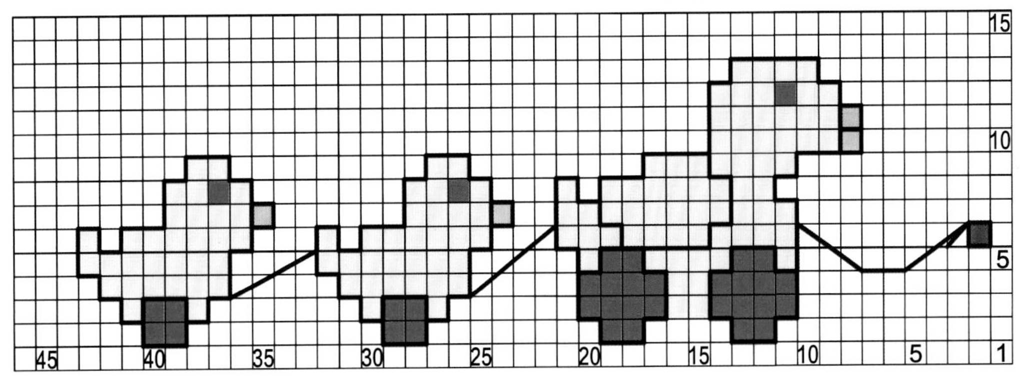

147 花样总长57针，宽15行

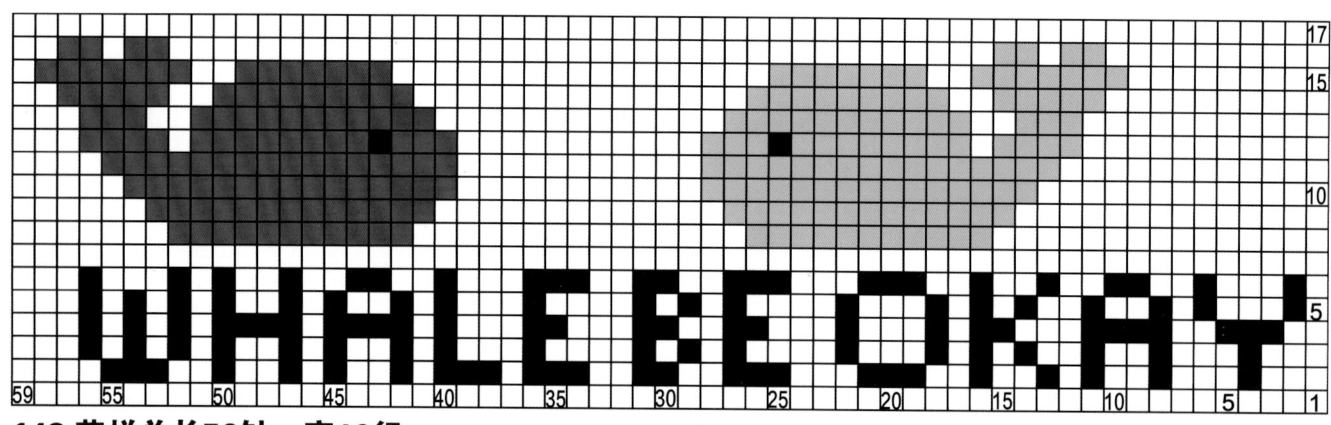

148 花样总长56针，宽16行

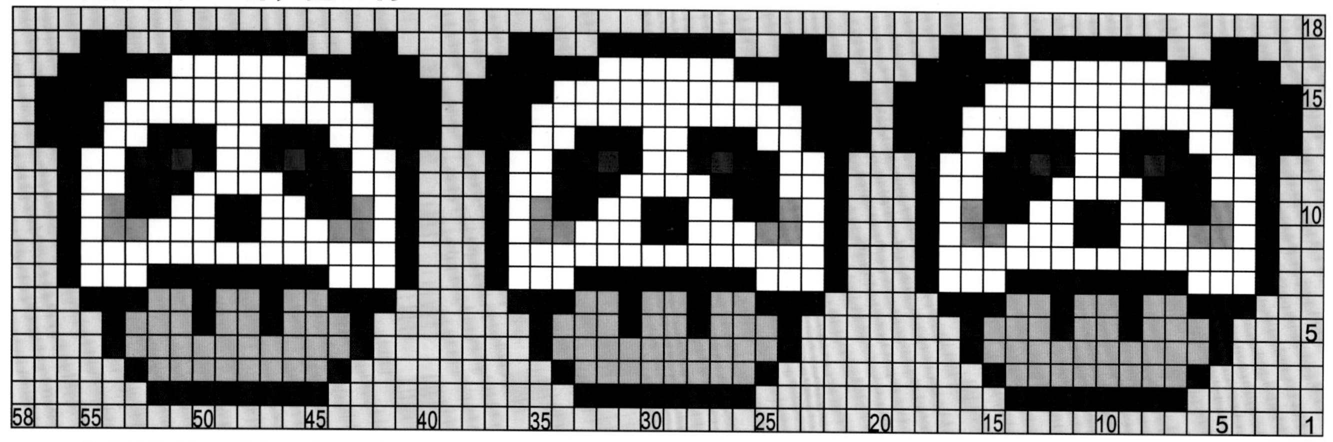

149 花样总长41针，宽17行

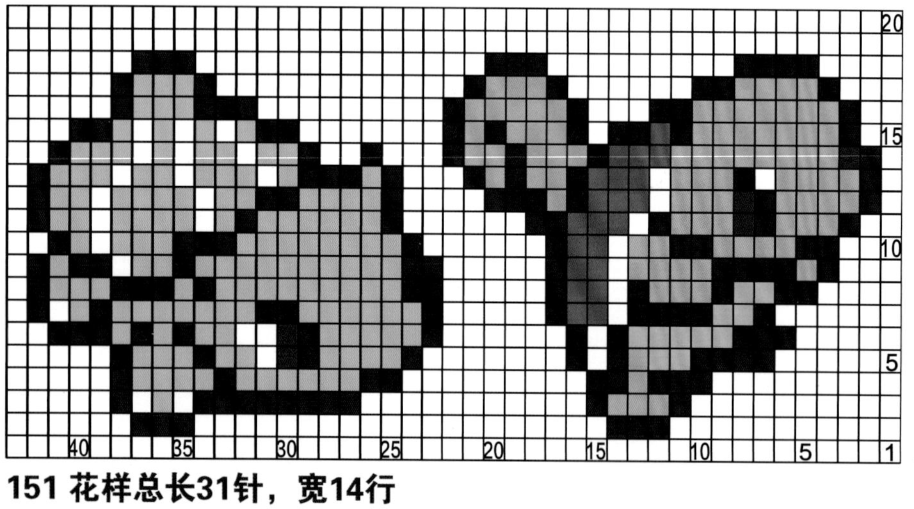

150 花样总长26针，宽18行

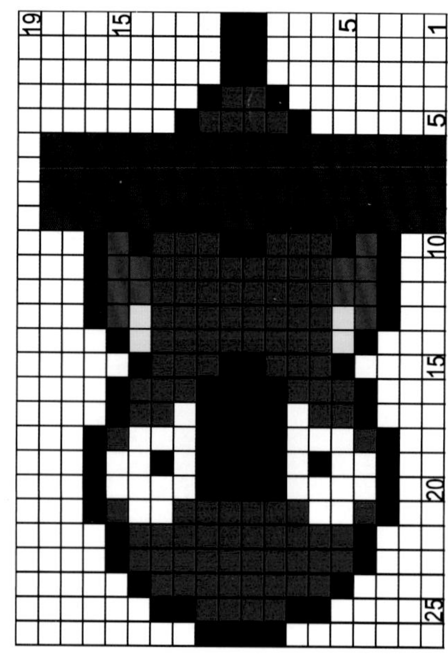

151 花样总长31针，宽14行

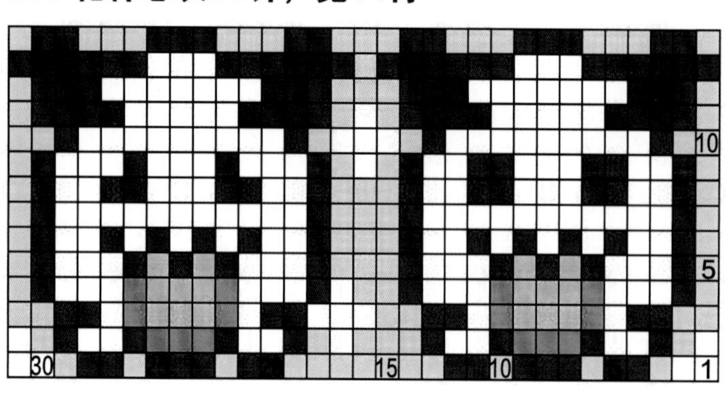

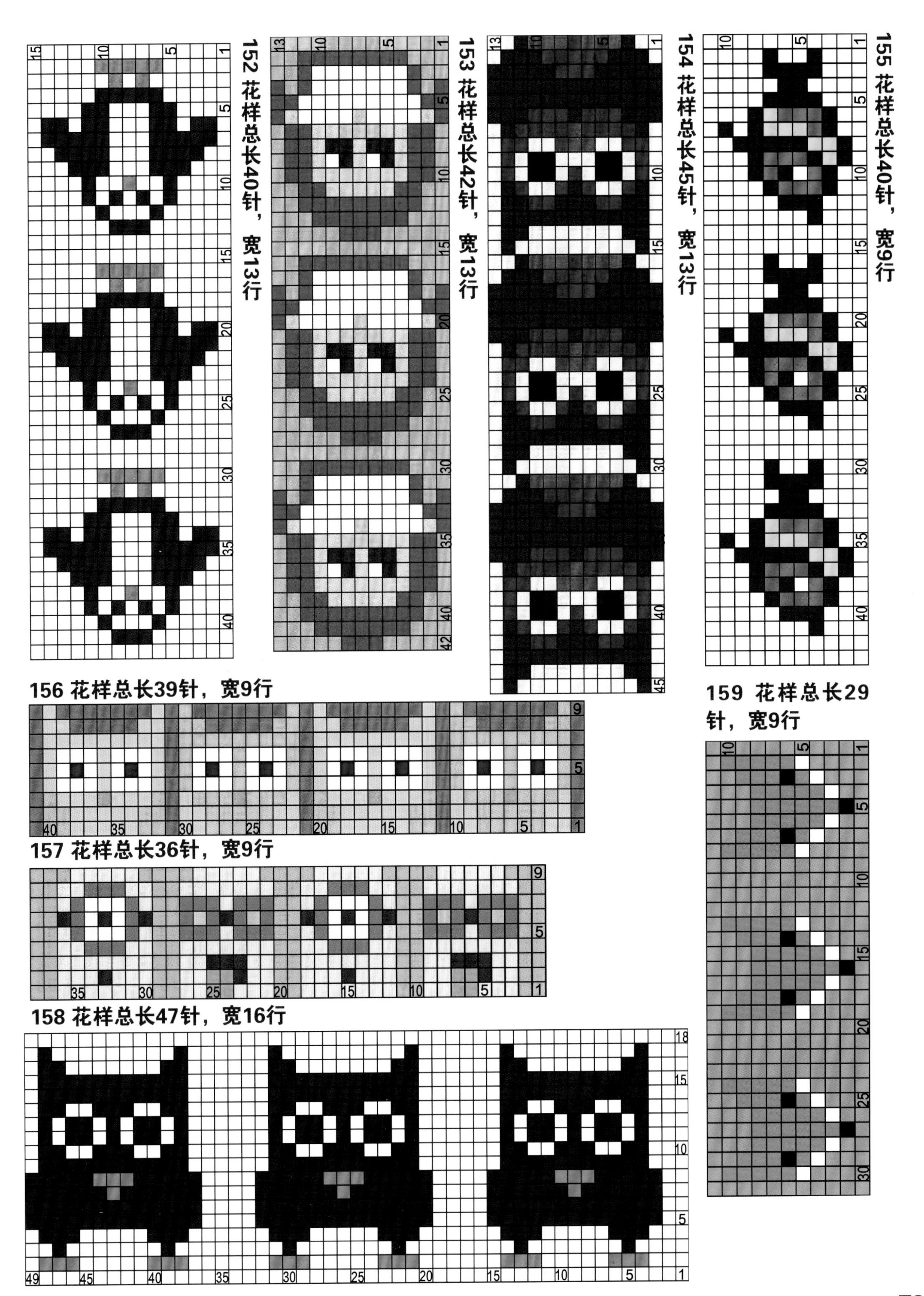
152 花样总长40针，宽13行
153 花样总长42针，宽13行
154 花样总长45针，宽13行
155 花样总长40针，宽9行
156 花样总长39针，宽9行
157 花样总长36针，宽9行
158 花样总长47针，宽16行
159 花样总长29针，宽9行

160 花样总长55针，宽12行

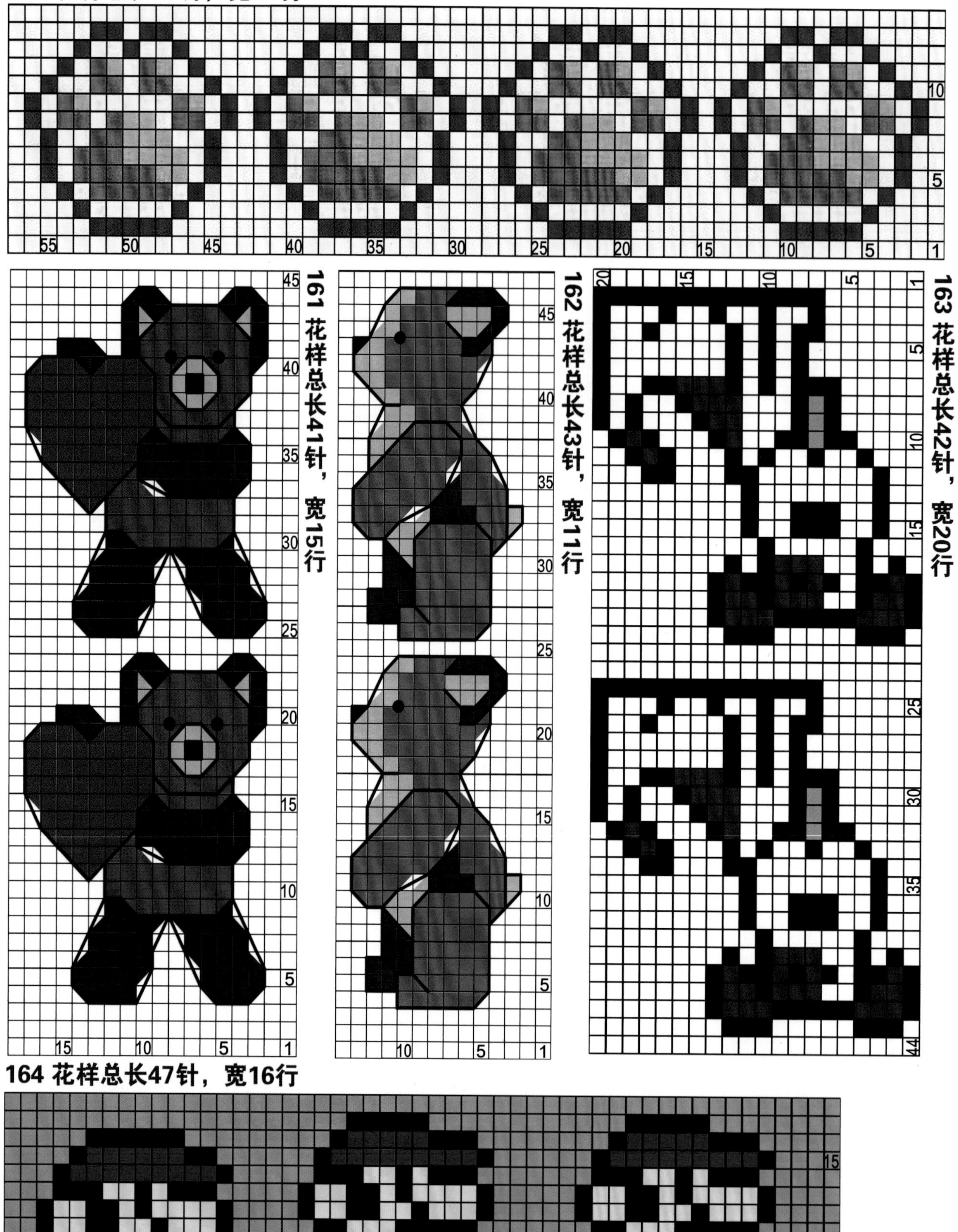

161 花样总长41针，宽15行

162 花样总长43针，宽11行

163 花样总长42针，宽20行

164 花样总长47针，宽16行

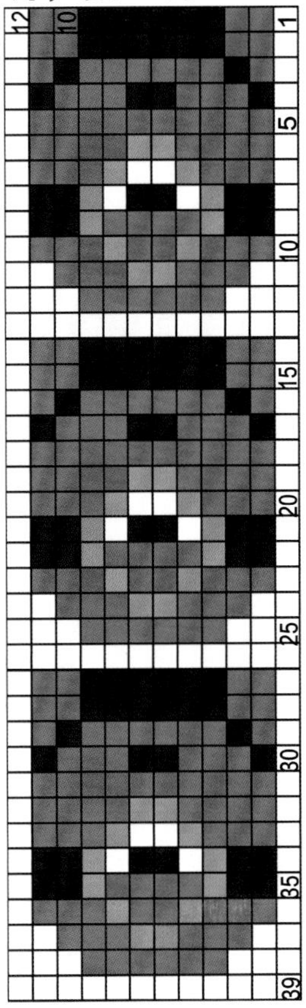

165 花样总长25针，宽10行

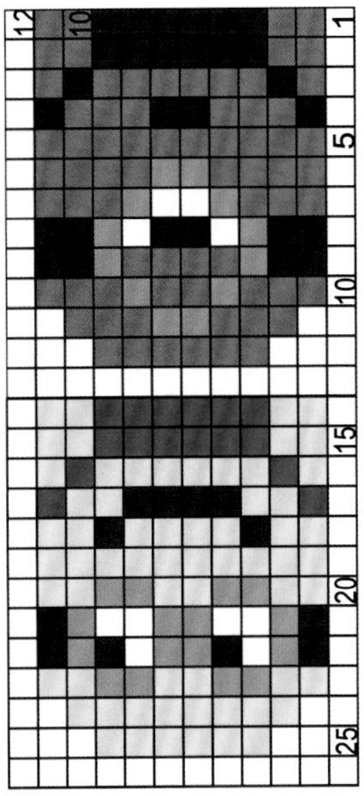

166 花样总长38针，宽10行

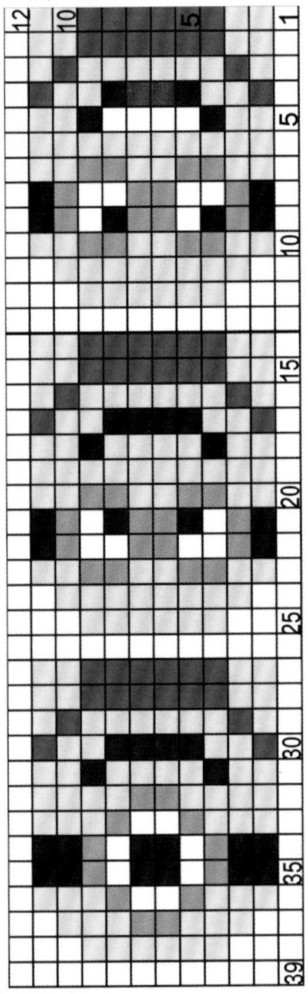

167 花样总长38针，宽10行

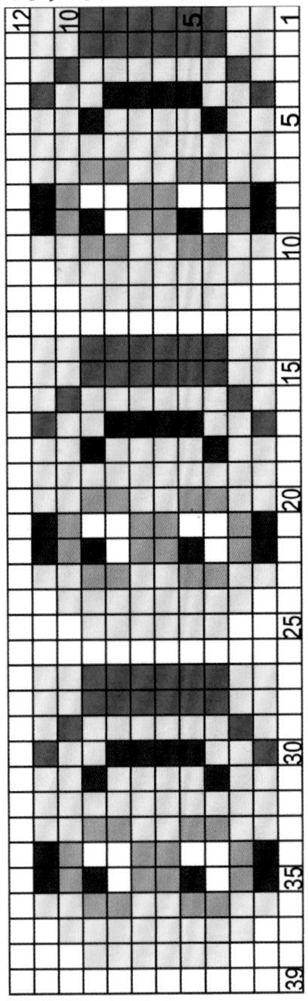

168 花样总长38针，宽10行

169 花样总长53针，宽13行

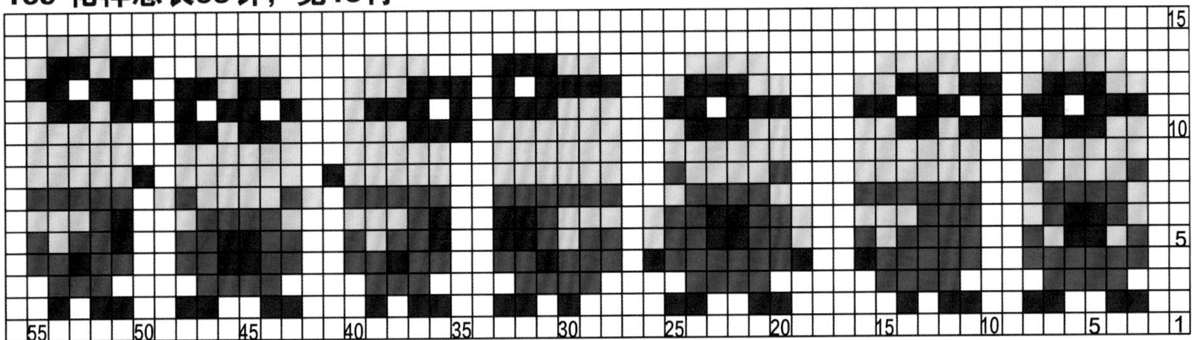

170 花样总长48针，宽7行

171 花样总长48针，宽17行

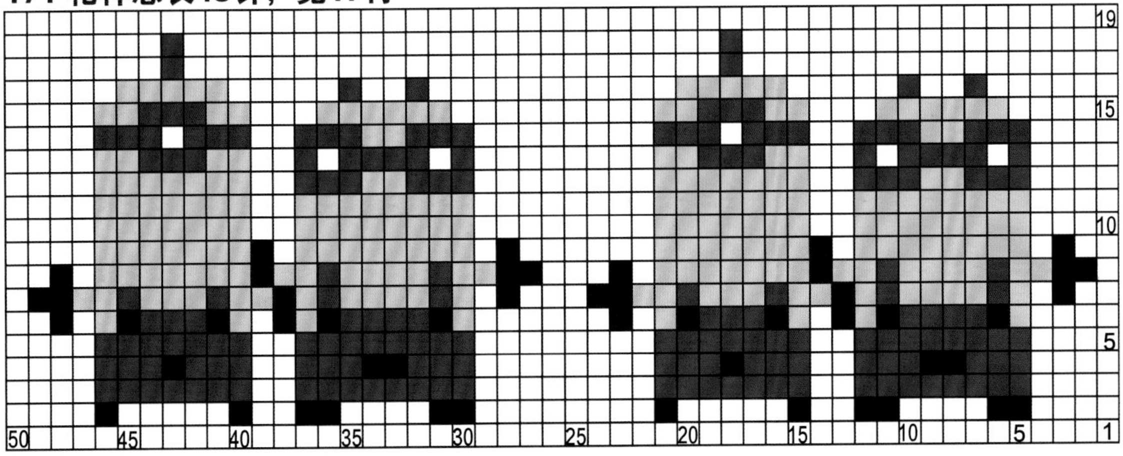

172 花样总长53针，宽19行

173 花样总长57针，宽15行

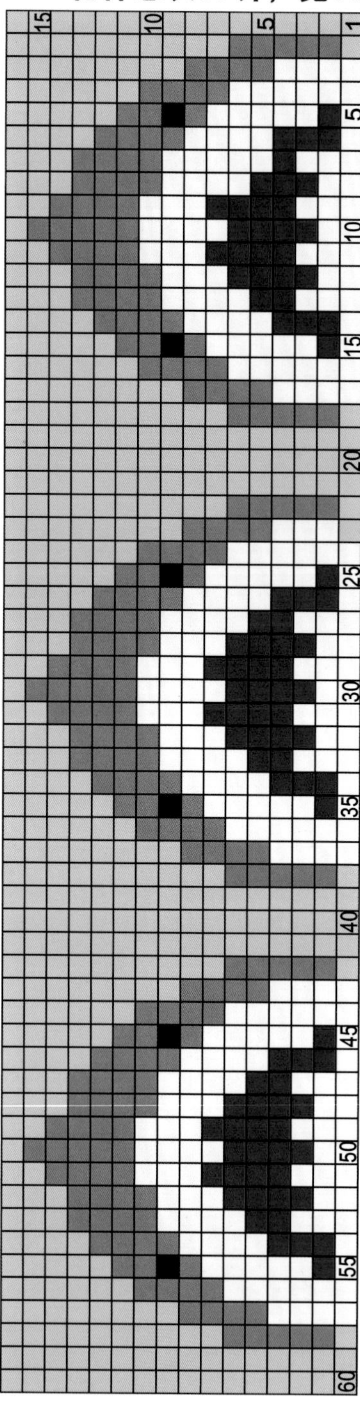

174 花样总长41针，宽13行

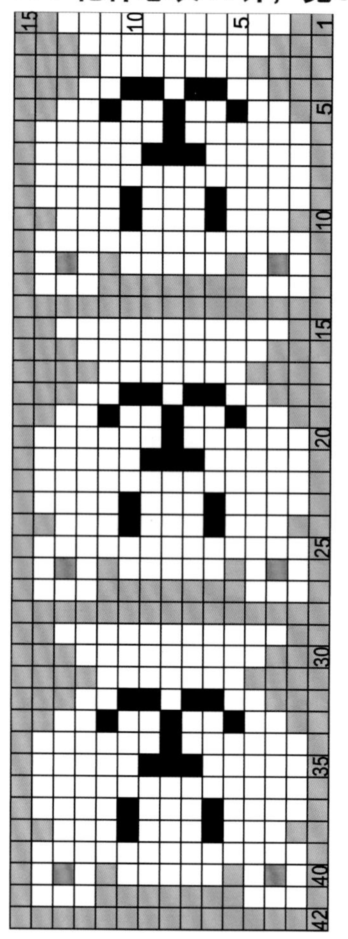

176 花样总长37针，宽12行

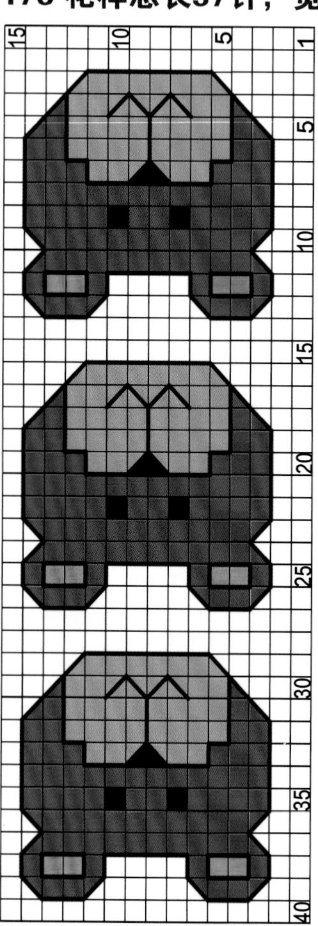

175 花样总长33针，宽16行

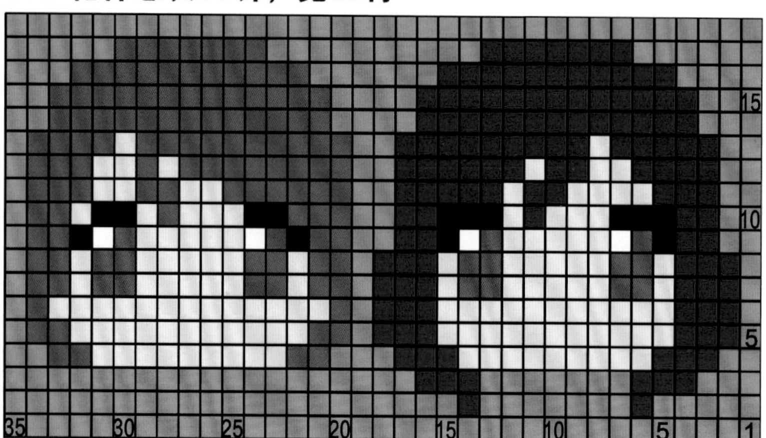

177 花样总长41针，宽21行

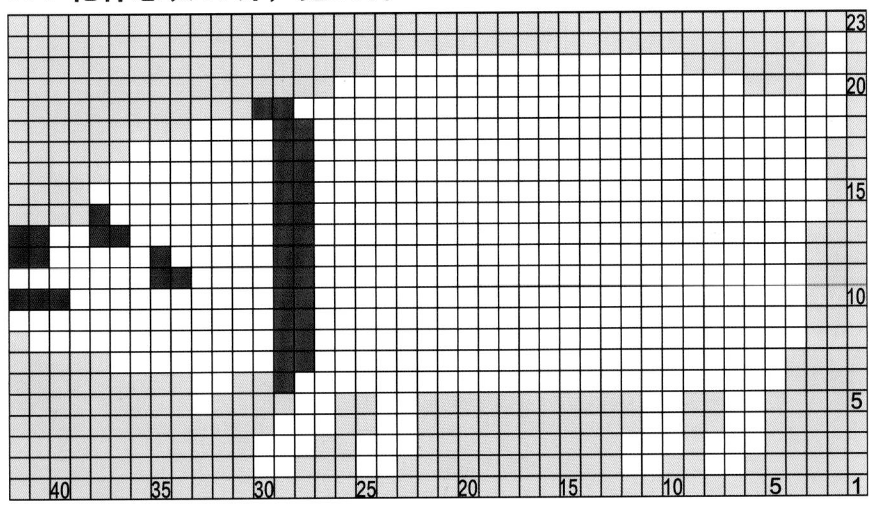

178 花样总长37针，宽21行

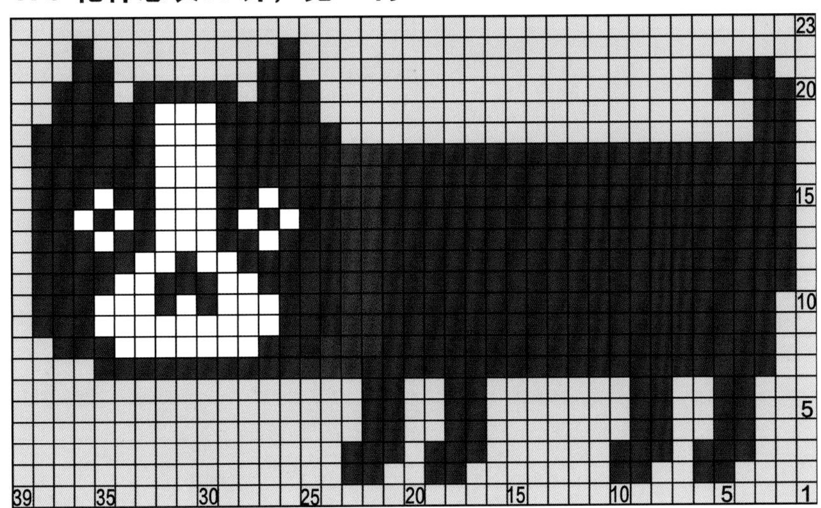

179 花样总长50针，宽19行

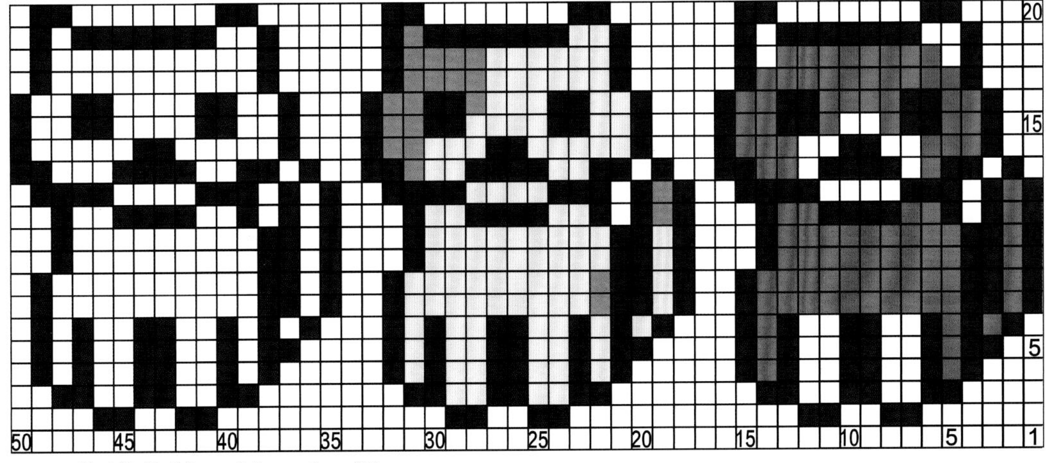

180 花样总长49针，宽9行

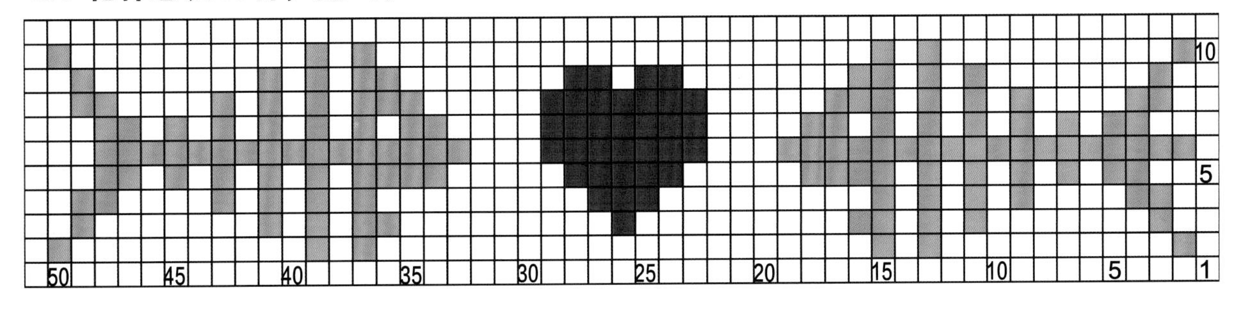

181 花样总长44针，宽22行

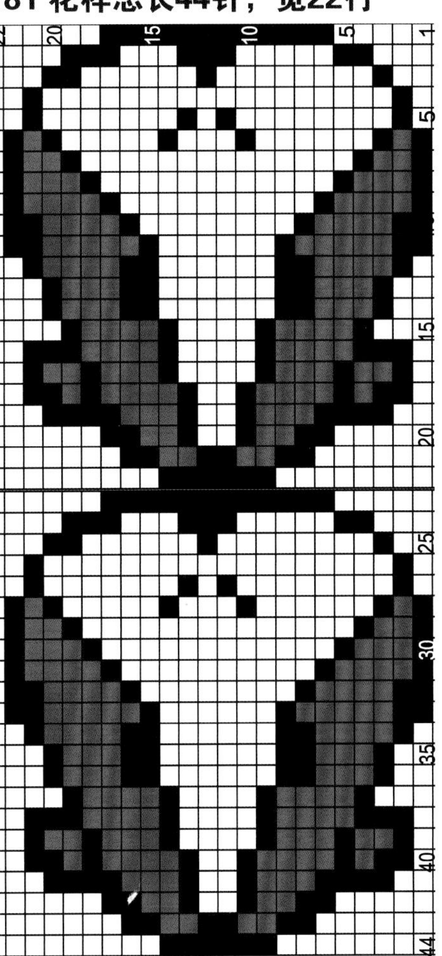

182 花样总长51针，宽16行

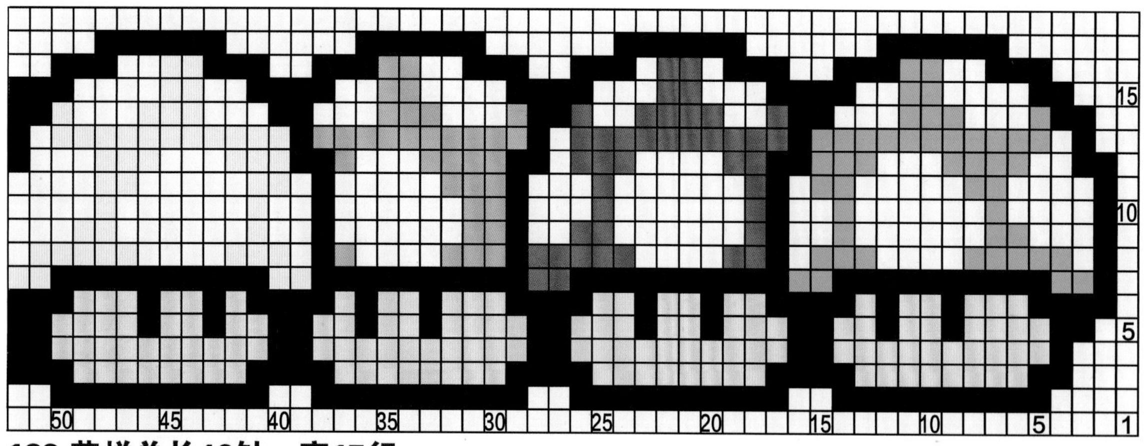

183 花样总长46针，宽17行

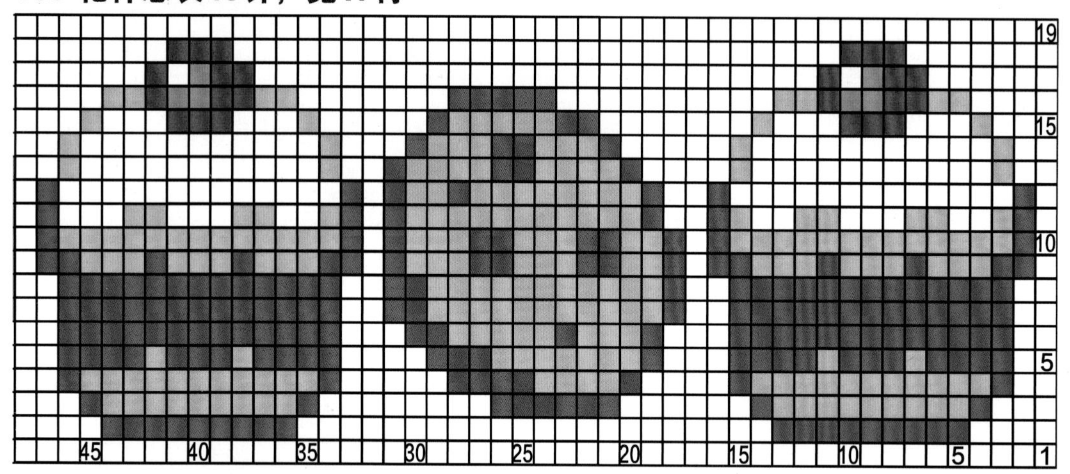

184 花样总长63针，宽21行

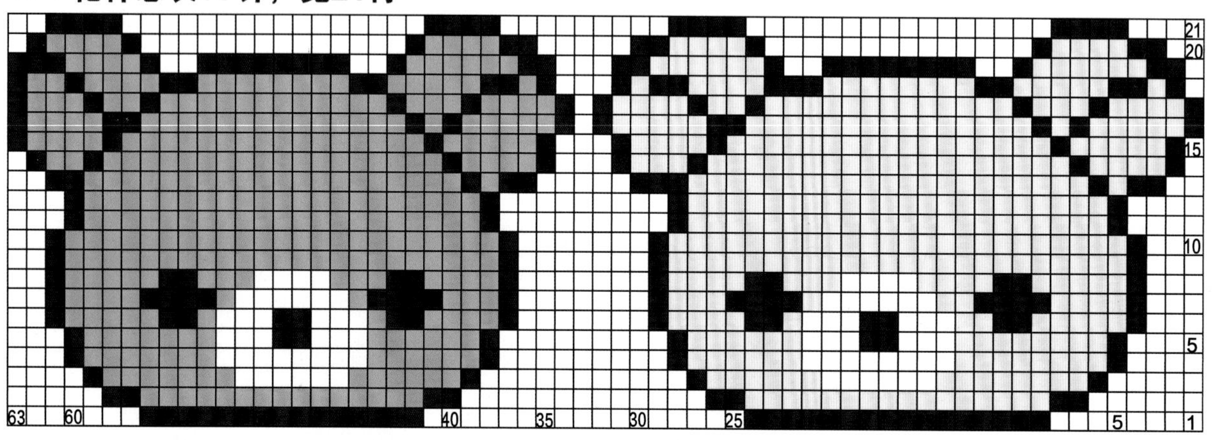

185 花样总长45针，宽20行

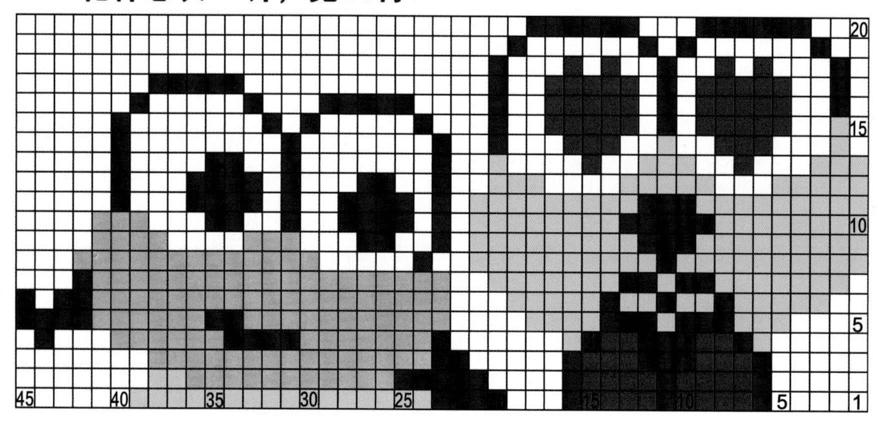

186 花样总长61针，宽13行

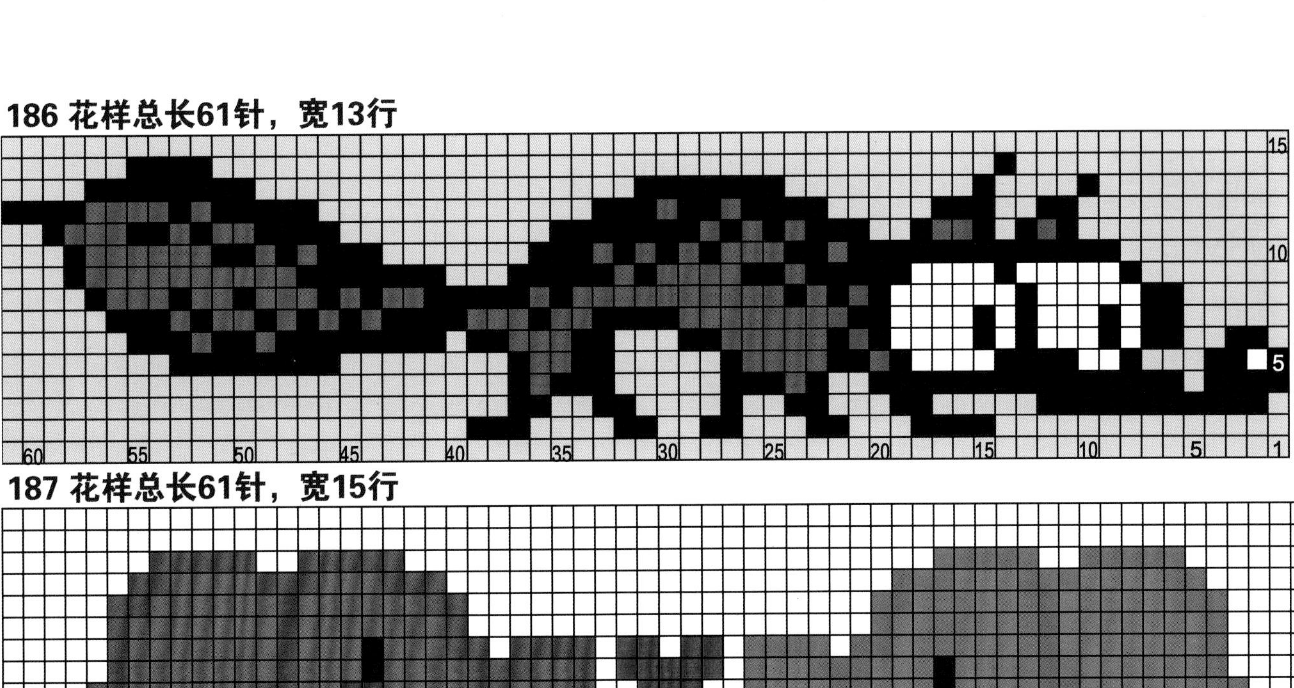

187 花样总长61针，宽15行

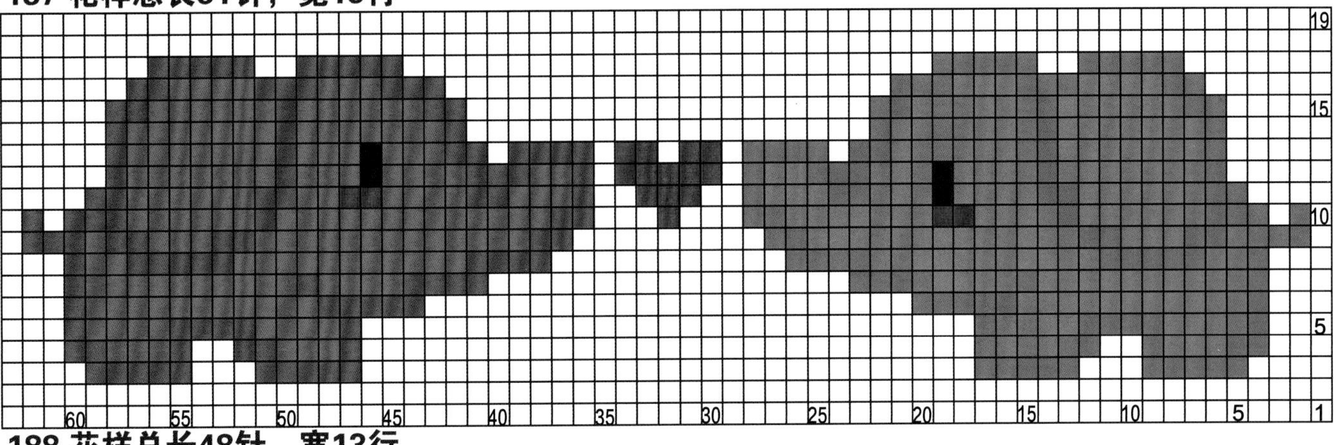

188 花样总长48针，宽13行

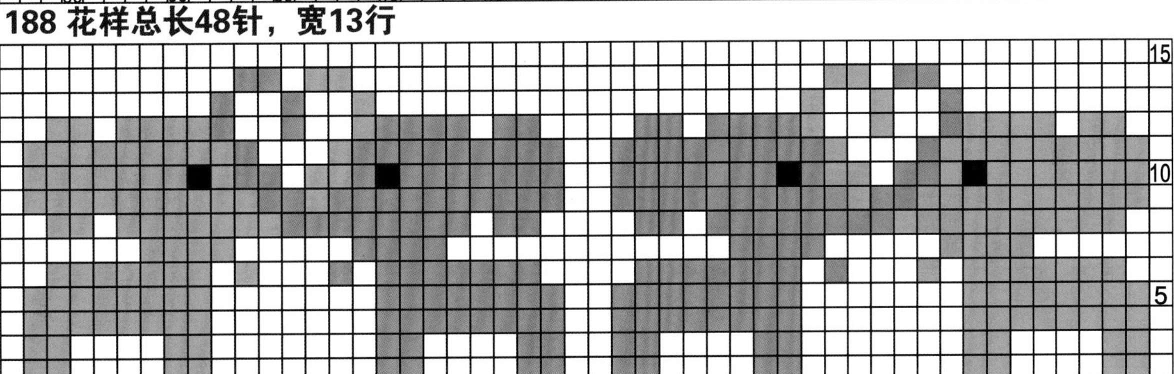

189 花样总长41针，宽11行

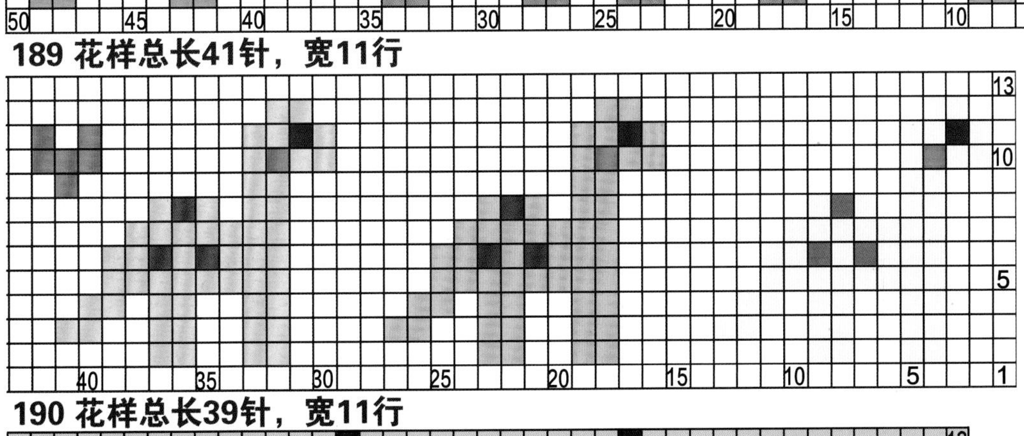

190 花样总长39针，宽11行

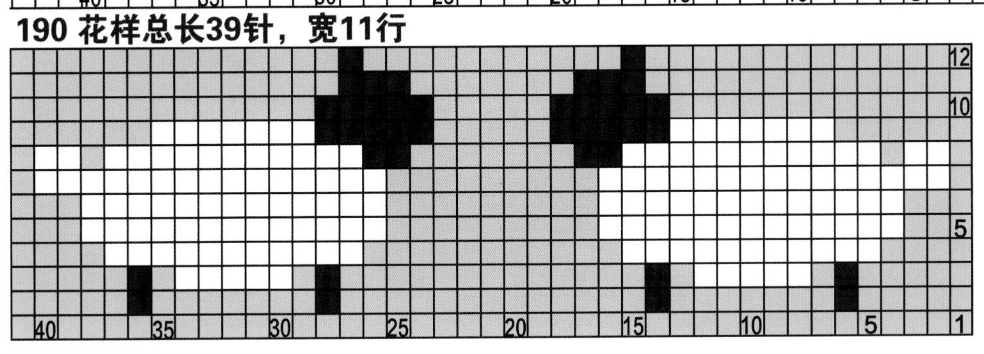

191 花样总长35针，宽16行

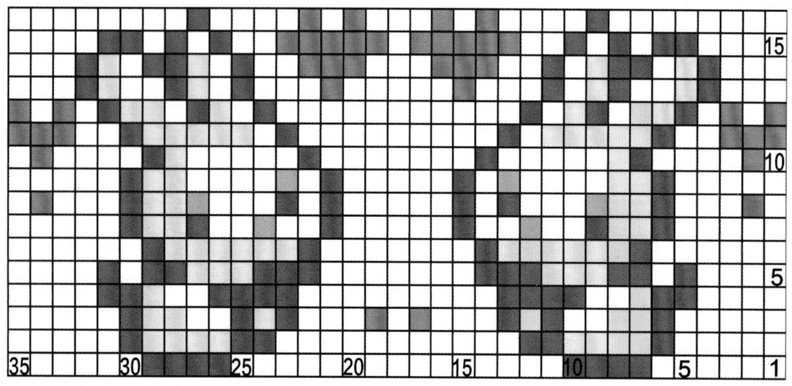

192 花样总长37针，宽17行

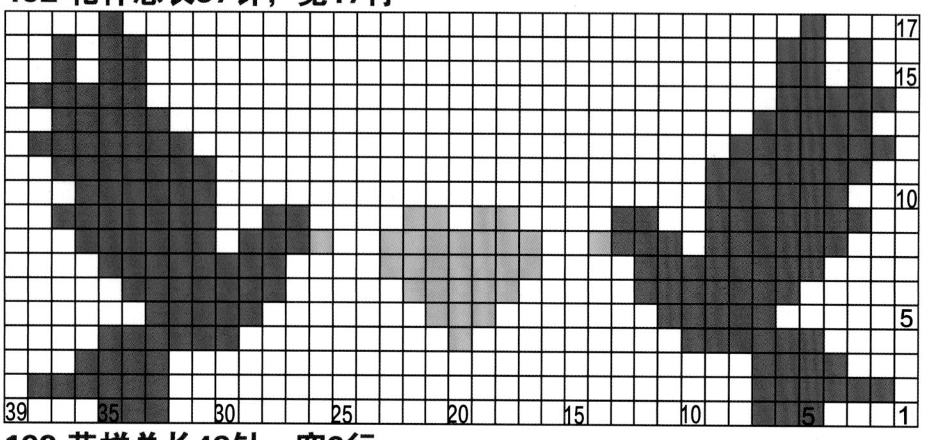

193 花样总长48针，宽9行

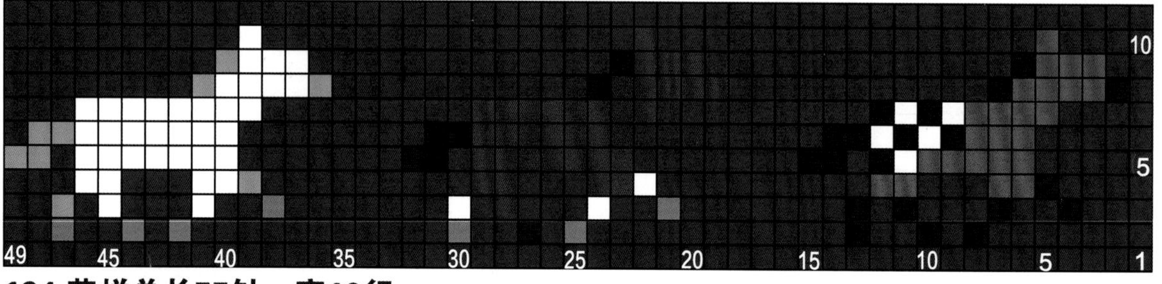

194 花样总长55针，宽10行

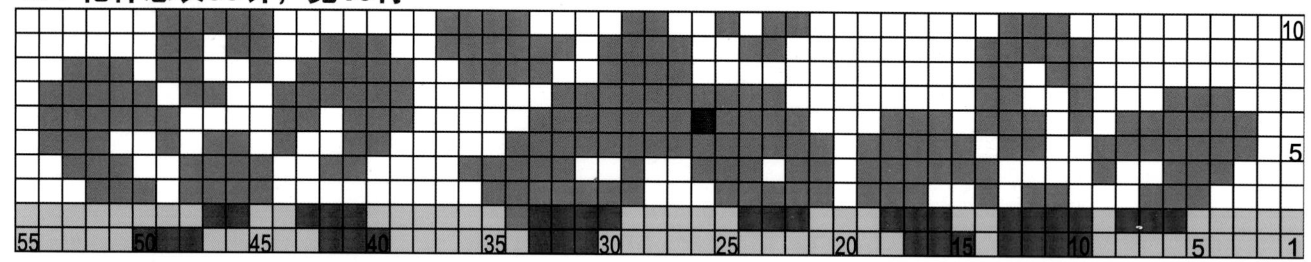

195 花样总长63针，宽16行

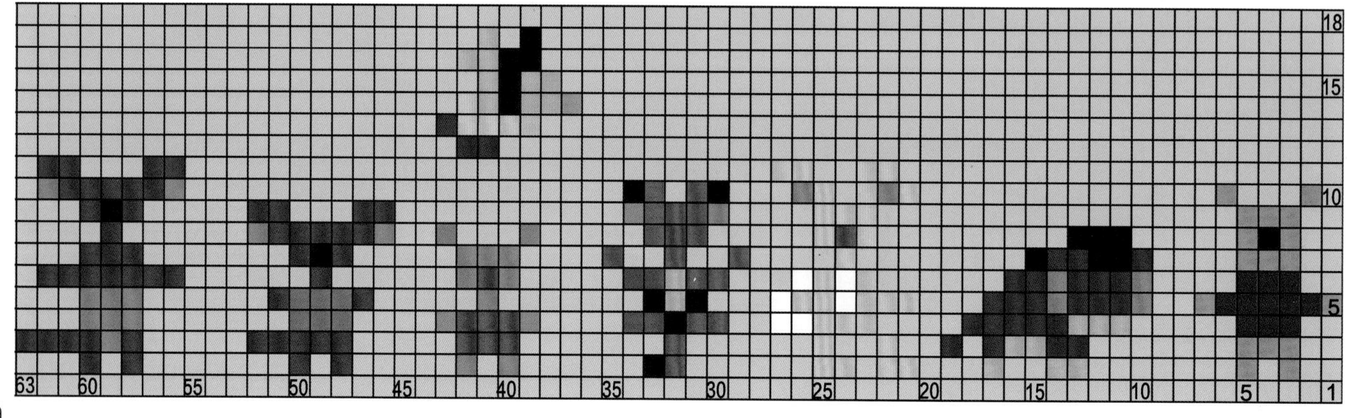

196 花样总长37针，宽13行

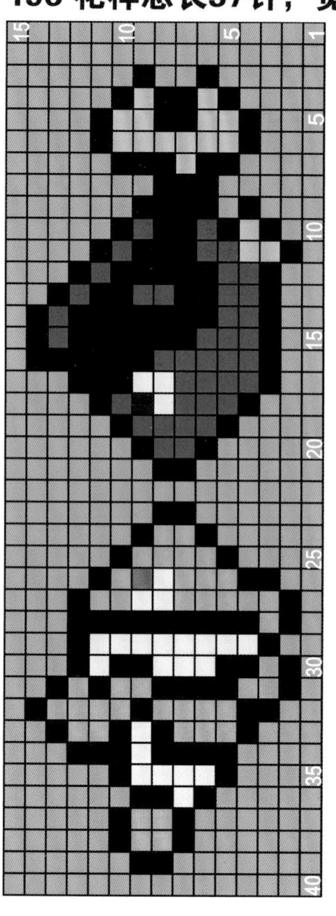